Anja Halata & Nadine Gelhaus

# Gesunder Hund mit Ayurveda

Typgerechte Haltung und Ernährung leicht gemacht

© 2020 KYNOS VERLAG Dr. Dieter Fleig GmbH
Konrad-Zuse-Straße 3, D-54552 Nerdlen/Daun
Telefon: 06592 957389-0
www.kynos-verlag.de

Grafik & Layout: Kynos Verlag & Anja Halata
Gedruckt in Lettland

1. Auflage 2020

ISBN 978-3-95464-229-8
Bildnachweis: Siehe Seite 141

KYNOS STIFTUNG

Mit dem Kauf dieses Buches unterstützen Sie die Kynos Stiftung Hunde helfen Menschen
www.kynos-stiftung.de

# Inhalt

**Alle Listen und Formulare zum Herunterladen und Ausdrucken finden Sie auf www.hundebuchshop.com/Ayurveda-Downloadvorlagen.htm oder hier**

# Vorwort

Die Idee zu diesem Buch hatten wir schon eine ganze Weile. Es hat sich über die Zeit eine Menge Wissen und Erfahrung zur natürlichen Hundefütterung, der ganzheitlichen Naturheilkunde und den Ansätzen des Ayurveda angesammelt.

Unsere Arbeit als Tierheilpraktikerinnen zeigt uns jeden Tag, welchen Stellenwert eine natürliche Fütterung für die Gesundheitsvorsorge und für die Heilung oder Begleitung von Erkrankungen hat.

Schon immer bildet eine frisch selbstzusammengestellte Kost die Grundlage unseres therapeutischen Ansatzes. Hierbei spielt der Ayurveda als »Wissen vom Leben« aufgrund seiner Ganzheitlichkeit eine wichtige Rolle.

Nun ist der Hund ein Karnivor und man kann den auf den Menschen ausgerichteten Ayurveda nicht Eins-zu-Eins auf den Fleischfresser übertragen. Das grundlegende Gedankengut ist jedoch sehr wohl auf den Hund anwendbar. So begannen wir, in unserem Praxisalltag die ayurvedischen Konstitutionen der Hunde zu bestimmen, um unsere Ernährungs- und Therapieempfehlungen noch individueller gestalten zu können.

Diesen Weg mit unseren vierbeinigen Patienten und deren Besitzern einzuschlagen war ein Glücksgriff. Ayurveda unterstützt die Konstitution, fördert Stärken und reguliert Schwächen und die Hundebesitzer erkennen umso mehr die Einzigartigkeit ihres Vierbeiners. Es fällt zum Teil leichter, bestimmte Charakterzüge des Hundes anzunehmen und dann zu lenken. Die typgerechte Fütterung führt zu mehr Wohlbefinden und Ausgeglichenheit, was dann wieder Harmonie in die Mensch-Hund-Beziehung bringt. Oftmals bemerken wir, dass die Hundebesitzer beginnen, diesen Wissensschatz auch für sich selbst zu nutzen.

Es muss gesagt sein, dass man sich mit Ayurveda beschäftigen sollte, um es nachvollziehen zu können.
Wir möchten Dir mit diesem Buch unser Wissen und unsere Erfahrungen gebündelt zugänglich machen. Alltagstauglichkeit ist uns hier genauso wichtig wie Nachvollziehbarkeit.
Diese Art der Hundefütterung ist mehr, als eine Tüte Trockenfutter, eine Dose oder auch das praktische Fertig-BARF-Menü aufzumachen. Man muss sich mit dem Thema beschäftigen und sich für die Futterzubereitung Zeit nehmen. Das sollte genau so viel Spaß machen, wie mit seinem Hund die Welt zu erkunden und mit ihm Zeit zu verbringen. Denn schließlich möchten wir alle, dass unsere vierbeinigen Freunde ein langes und gesundes Leben haben.
Dieses Buch ist für all diejenigen, die sich mit einer gesunden Fütterung beschäftigen wollen und die Zeit nehmen, das Futter für ihren Hund selbst zusammenzustellen.
Wir stellen Dir hier das Herzstück unserer Arbeit vor und hoffen, dass Du genauso viel Spaß und Freude am Ayurveda für Hunde hast wie wir.

Nadine Gelhaus & Anja Halata
Mai, 2020

# Über uns

## *Anja Halata*

Ich bin Tierheilpraktikerin und Ernährungsberaterin für Hunde und Katzen mit eigener Praxis und einem Fachgeschäft für naturnahe Hundefütterung in Leipzig.

Bei meiner Ausbildung zur Tierheilpraktikerin war es mir wichtig, der Ernährung von Hunden die gleiche Aufmerksamkeit zu widmen wie den Bereichen Anatomie, Physiologie und Pathologie. Ich halte die natürliche Fütterung für unersetzlich – sowohl für die Vorbeugung von Krankheiten als auch im Rahmen einer Therapie. Das Wissen rund um die artgerechte, bedarfsdeckende und natürliche Fütterung habe ich in den darauffolgenden Jahren in meinem Praxisalltag weiter individualisiert und mit meinen Kenntnissen über Ayurveda, der Wissenschaft vom Leben, kombiniert.

Im Ayurveda ist die Ernährung eine der wichtigsten Säulen für ein langes Leben. Keine Gesundheit ohne eine gesunde Ernährung. Ayurveda heißt nicht indisch essen! Es bedeutet, typgerecht zu ernähren. Es bedeutet, typgerecht auszulasten und zu bewegen. Und es bedeutet, im Hinblick auf Gesundheit vorausschauend zu handeln und auf sich zu achten. Alle Grundsätze im Ayurveda sind universell und auch auf Tiere anwendbar. Gemeinsam mit Nadine Gelhaus entwickelte ich deshalb ein modernes und „heimisches" Ayurveda für Hunde, das heißt eines, das mit bei uns heimischen Produkten und Zutaten auskommt. Es ist die Basis meiner therapeutischen Arbeit und auch meine eigene Lebensphilosophie.

Neben meiner Arbeit als Tierheilpraktikerin habe ich eine Beratungspraxis für Ernährung und Balance mit Schwerpunkt Ayurveda für Menschen.

Heimisches Ayurveda nutze ich für meine Familie, meine Hunde, für mich und natürlich für meine vier- und zweibeinigen Patienten.

## *Nadine Gelhaus*

Ich lebe meinen Beruf als Tierheilpraktikerin. Seit Oktober 2001 praktiziere ich in eigener Praxis mit dem Schwerpunkt Resonanzanalysen und Ernährung.

Die Individualität jedes Tieres steht für mich im Vordergrund, deshalb ist die Ernährung für mich maßgeblich an der Genesung beteiligt und damit ein wichtiger Baustein in den Resonanzanalysen. Auch die Craniosacrale Osteopathie sowie unterschiedliche Formen der Energiearbeit wie Matrix, Tierkommunikation oder die Systemaufstellung sind in meiner Praxis unentbehrlich geworden, um das Tier noch ganzheitlicher zu betrachten und behandeln zu können.

Da ich mein Leben von Anfang an mit Hunden teilen durfte, machen diese wunderbaren Wesen bis heute einen großen Teil meiner vierbeinigen Patienten aus. Durch meine erste Hündin Bonny, die ich mit elf Jahren meinen eigenen Hund nennen durfte, bin ich zu der Naturheilkunde gekommen. Bonny bekam mit neun Jahren eine heftige Allergie. Leider war das Thema gesunde, artgerechte Ernährung für Hunde in den 90er Jahren noch nicht thematisiert.

Da mir die Schulmedizin mit meinem Hund nicht helfen konnte, beschloss ich, nach meiner Ausbildung zur Kauffrau im Groß- und Außenhandel eine Ausbildung zur Tierheilpraktikerin zu machen. Leider musste ich feststellen, dass auch innerhalb dieser Ausbildung die Ernährung keine große Rolle spielte. Also machte ich mich durch viele Lehrgänge, auch im menschlichen Bereich, kundig.

2013 habe ich mit der 2. Auflage der »Futterfibel – Hunde gesund ernähren« mein bis dahin bestehendes Wissen weitergegeben.

Seit einigen Jahren beschäftigen Anja Halata und ich uns intensiv mit der Ernährung von Hund und Mensch. Durch unser beider Interesse am Ayurveda haben wir es nun endlich geschafft, unser Wissen in einem Werk zusammenzufassen. Dadurch haben wir einen noch intensiveren Ansatz für unsere therapeutische Arbeit mit den Hunden gefunden. Ich freue mich sehr, dass wir jetzt unser Wissen mit Euch teilen können.

# Ayurveda – Das Prinzip der Ganzheitlichkeit

Ayurveda ist die Mutter aller medizinischen Wissenschaften und sie steht für Ganzheitlichkeit – für die Einheit von Körper, Geist, Seele und Kosmos.

Die Wurzeln des Ayurveda liegen in Indien. Das »Wissen vom langen Leben« ist ein Teilbereich der Atharvaveda, einer heiligen Textsammlung des Hinduismus und mehr als fünftausend Jahre alt. Und dennoch ist Ayurveda nach wie vor zeitlos und universell.

Ayurveda betrachtet den Körper als komplettes Abbild des Universums. Die Natur spiegelt sich hier wieder: Makrokosmos (Universum) im Mikrokosmos (Körper). Die Ayurveda-Prinzipien gelten im Tier- und Pflanzenreich genauso wie im Humanbereich.

Den körperlichen Aufbau erklärt der Ayurveda anhand der fünf Elemente: Äther, Luft, Feuer, Wasser und Erde. Den Äther (Raum) findet man in den Hohlräumen, wie Lunge und Magen. Die Luft in den Atembewegungen. Das Feuer macht unseren Stoffwechsel aus. Das Wasser zeigt sich in den Körperflüssigkeiten. Die Erde dient als Bausubstanz für Knochen, Muskeln, Sehnen, Bänder und fasziale Strukturen, also auch das Bindegewebe.

Diese Elemente bilden in individueller Zusammensetzung die physiologischen Merkmale und Funktionen sowie die Charaktereigenschaften und Emotionen eines Lebewesens.

Es ergeben sich aus den Elementen drei Doshas: Vata, Pitta und Kapha. Die Doshas sind die Bioenergien, die im Körper fließen.

**Vata setzt sich zusammen aus Äther und Wind. Wir nennen es** ***den zarten Schmetterling.***

**Pitta setzt sich zusammen aus Feuer und wenig Wasser. Wir sehen es als** ***den feurigen Sonnenschein.***

**Kapha setzt sich zusammen aus Wasser und Erde. Für uns ist es einfach** ***der kleine Buddha.***

Vata

Pitta

Kapha

Die Dosha sind in jedem Lebewesen zu unterschiedlichen Anteilen vorhanden. Das ist von Geburt an festgelegt und wird sich nicht ändern. Die Tiere sind genau wie wir Menschen häufig Misch-Typen aus zwei vorrangigen Doshas. Wir brauchen aber alle drei Bioenergien, um sämtliche Funktionen des lebenden Körpers aufrechtzuerhalten.

Jedes Dosha hat durch seine zugrundegelegten Elemente also bestimmte Eigenschaften, die ein Individuum ausmachen.

*Beispiel: Das Pitta-Dosha hat durch seinen hohen Anteil an Feuer ein hitziges Gemüt. Die Eigenschaften reichen von fröhlich über temperamentvoll bis impulsiv. Wenn dem Pitta-Typ etwas nicht passt, kann er sehr aufbrausend bis wütend reagieren. Allerdings ist dieser Zustand so schnell wieder vorbei, wie er sich aufgebaut hat. Er ist eben einer kleiner*

*Vulkan, der ab und an auch mal Feuer spuckt. Das sollte bei diesem Dosha auch nicht allzu oft unterdrückt werden, weil es ansonsten (auto) aggressiv reagieren kann. Da Pitta sehr viel Dynamik mitbringt, sollte sie auch gelebt werden können.*

Die jeweilige Konstitution wird vor allem durch die individuelle Ernährung, Bewegung und Auslastung und ein optimal gestaltetes Umfeld unterstützt und gefördert. Wenn eine Bioenergie ins Ungleichgewicht gerät, kann es zu körperlichem Unwohlsein und Krankheiten, aber auch zu Verhaltensauffälligkeiten kommen.
Die drei Doshas werden auch durch andere Faktoren beeinflusst wie Tageszeit, Klima, Stimmung oder Lebensalter.

Die Ganzheitlichkeit des Ayurveda ist darauf ausgerichtet, die drei Bioenergien im Gleichgewicht zu halten.

Wie das für Deinen Hund praktisch umzusetzen ist, erfährst Du auf den folgenden Seiten.

| Dosha | Elemente | Eigenschaften | Funktionen im Organismus |
|---|---|---|---|
| **Vata** | Äther und Luft | kalt, leicht, trocken, flüchtig, beweglich | • Darmbewegung<br>• Kreislauf<br>• Abbau von Ama (Schlacken)<br>• Geistige Beweglichkeit |
| **Pitta** | Feuer und wenig Wasser | heiß, leicht, flüssig, leicht ölig | • Verdauung und Stoffwechsel<br>• Körpertemperatur<br>• Reguliert Hunger und Durst<br>• Entschlossenheit und Durchsetzungskraft<br>• Intelligenz |
| **Kapha** | Wasser und Erde | kalt, schwer, feucht, schleimig, weich, hart, unbeweglich | • Struktur und Wachstum<br>• Befeuchtung von Haut und Schleimhäuten<br>• Zusammenhalt und Stabilität<br>• Fruchtbarkeit<br>• Kraft und Ausdauer<br>• Geduld |

# Die Doshas

## Das Vata-Dosha – Der zarte Schmetterling

Das Wesen der Bioenergie Vata besteht aus Luft und Äther (Raum) und steht für Leichtigkeit, Bewegung und Fließfähigkeit. Es steuert und reguliert Muskeln, die inneren Organe, die Atmung, den Blutkreislauf, die Ausscheidungen sowie alle Sinnesorgane im Organismus. Vata unterstützt das Nervensystem in seinen Funktionen und kontrolliert das Bewusstsein. Vata-Hunde haben eine extrem schnelle Auffassungsgabe. Diese Bioenergie macht Körper und Geist beweglich, geschmeidig und anpassungsfähig. Ein ausgeglichenes Vata zeigt sich in körperlicher und mentaler Vitalität und strahlt Lebensenergie aus.

### *Die mentale Ebene der Bioenergie Vata*

Vata-Hunde sind die Quirligen, Schnellen und Sensiblen, die sich wärmen und erden müssen. Sie legen ein hohes Tempo an den Tag und sind sehr leicht zu motivieren. Aus diesem Grund muss man sie in ihrer Übereifrigkeit oftmals bremsen, damit sie sich körperlich wie mental nicht auszehren und sich in ihrer Übermotivation verlieren.
Im Allgemeinen sind es offene, sehr kontaktfreudige, lebenslustige und kommunikative, also oft sehr bellfreudige Gesellen. Manchmal wirkt dieser Typ leicht nervös oder hektisch. Außerdem lassen sie sich leicht ablenken. Durch ihre sehr schnelle Auffassungsgabe lieben sie es, Neues zu lernen, zu entdecken und zu erkunden.
Im Training möchten sie oft viele Dinge gleichzeitig machen und sind sehr aufmerksam, wenn sie sich für etwas interessieren. Zudem haben sie feine Antennen für Situationen und Emotionen anderer.
Sie lieben mentale und körperliche Freiheit. Häufig ziehen und zerren sie an der Leine, weil sie sich nicht einschränken lassen möchten. Sie

haben immer neue Ideen, was unbedingt jetzt entdeckt oder erschnüffelt werden muss. Man kann sie als echte Abenteurer und Kundschafter bezeichnen.
Da sie ein eher dünnes Nervenkostüm besitzen, haben sie von Natur aus eine niedrige Stressresilienz. Das bedeutet, sie können in Stresssituationen nicht ruhig bleiben. Das ist auch der Grund, weshalb sie Lärm oder laute Geräusche oft nicht mögen.

Menschen mit einem Vata-Hund an ihrer Seite brauchen also gute Nerven und eine Extraportion Humor. Dieser Typ ist wie ein Schmetterling, der von hier nach da fliegt. Durch zu viele Reize ist er rasch »durch den Wind«. Vata-Hunde brauchen viel Lob, denn das ist für diese sensiblen Wesen enorm wichtig. Außerdem braucht Vata konstante, aber liebevolle Stabilität in Form von Grenzen, die ihm Sicherheit geben.

### *Die körperliche Ebene der Bioenergie Vata*

Die Vata-Bioenergie zeichnet sich durch einen leichten und zarten Knochenbau sowie durch feines Fell und zu Trockenheit neigender Haut aus, außerdem durch eine nicht so kraftvolle Verdauungsenergie (Agni) im Vergleich zu den anderen Doshas. Vata ist körperlich weniger belastbar als die anderen Bioenergien, was daran liegt, dass wir es mit einem so »luftigen« Typ zu tun haben.

### *Mentale Disharmonie in der Bioenergie Vata*

Disharmonien zeigen sich vor allem im Bereich des Nervensystems. Es kommt zu verstärkter Nervosität und Unruhe bis hin zu Rastlosigkeit und Ängsten. Eine niedrige Stressresilienz ist immer ein Anzeichen für ein Zuviel an Vata-Energie. Verstärktes Bellen, Übersprungshandlungen und schlechte Ansprechbarkeit sind ebenso ein Hinweis für eine mentale Vata-Disharmonie.

## *Körperliche Disharmonien in der Bioenergie Vata*

Bei einer zu hohen Vata-Energie können Störungen im Bereich des Dickdarms wie zum Beispiel Blähungen auftreten. Auch Trockenheit der Schleimhäute sowie Beschwerden im unteren Rückenbereich (z. B. der Bandscheiben) stehen im Vordergrund. Ein Überschuss an Vata-Energie kann massiven Juckreiz im Bereich der Haut, aber vor allem der Schleim- und Bindehäute auslösen.

## *Bewegung für Vata*

Vata bewegt sich gern und viel. Flippige, schnelle oder hektische Bewegungsabläufe zeichnen Hunde diesen Typs aus. Sie brauchen diese Bewegung auch! Allerdings finden sie oft kein Ende. Das ist vor allem bei jungen Hunden zu beobachten. Um so wichtiger ist es, dass man sich als Halter durch die Schnelligkeit und Hektik nicht anstecken lässt. Vielmehr sollte man das Gegenteil anstreben und diese Hunde mit Ruhe und Gelassenheit lenken und führen. Sie brauchen liebevolle Struktur. Die Herausforderung ist, herauszufinden, wieviel Bewegung notwendig und wann es zu viel ist. Ein Zuviel kann sich darin

zeigen, dass Dein Hund nicht mehr gut ansprechbar ist oder verstärkt zu bellen beginnt und selbst nicht mehr aus diesem Verhaltensmuster herauskommt.

Körperliche Überbelastung sollte bei diesen Hunden unbedingt gemieden werden. Der Vata-Hund wird aber nicht von selbst entscheiden, dass es jetzt reicht. Man kann mit ihm stundenlang spazieren gehen, Hunde treffen, Bälle werfen – er wird immer noch mehr wollen. Zuhause fällt er dann völlig erschöpft auf seinen Schlafplatz oder er beginnt, unerwünschtes Verhalten zu zeigen.
Auch übermäßige geistige Trainingseinheiten zehren den Vata-Hund aus und er wird immer schludriger in der Ausführung. Weniger ist bei Vata-Hunden mehr.

Das heißt selbstverständlich nicht, dass Du täglich nur eine kleine Runde um den Block gehen und kein Training machen sollst, denn dann dreht er Dir gewiss durch. Vielmehr geht es um ausgleichende Aktivität. Das bedeutet Sequenzen von mentaler oder körperlicher gefolgt von Entspannung. Für Vata sind Tricks, Suchspielchen, Apportieren oder Waldmobility ebenso empfehlenswert wie Walken. Vata fordert Auslastung auch gerne lautstark ein. Er darf aber lernen, dass Ruhe auch lohnenswert ist oder ein Spaziergang mit Schnüffeln genug sein kann. Sein Bewegungsapparat neigt zu schnellerem Verschleiß als bei den anderen Doshas, deshalb sollten Extrem-Sportarten wie Agility, Flyball oder Ähnliches gemieden werden.

### *Umfeld für Vata*

Der Vata-Typ friert sehr schnell, deshalb ist es ratsam, ihn innerlich wie äußerlich warm zu halten. Im Winter kann es nötig sein, ihm draußen einen Mantel anzuziehen.

Sorge außerdem für einen warmen Schlafplatz an einem ruhigen, hellen Ort in der Wohnung oder im Haus. Der Ruheplatz zwischen zwei Türen, wo man ständig ein- und ausgeht, ist ungeeignet. Vata-Hunde sind nicht die Typen, die sich einfach irgendwo hinlegen, wo sie eben noch standen und dann in tiefen Schlaf fallen. Dazu sind sie viel zu reizempfindlich. Sie brauchen einen Rückzugsort für sich allein. Nur so kann sich der Körper regenerieren. Eine bekannte und mit Ruhe und Entspannung verknüpfte Decke oder Box sollte immer mit dabei sein, wenn man in den Urlaub fährt, Freunde besucht oder ins Restaurant geht.
Besonders empfindlich reagieren diese Hunde auf Gefühle wie Ärger, Wut, Kummer, Sorgen, Ängste und Traurigkeit. Da sie feine Antennen haben, nehmen sie oft diese Emotionen aus ihrem Umfeld – zum Beispiel in der Familie – auf. Entgegen Hunden mit einem hohen Anteil an der Bioenergie Kapha ziehen sie sich nicht in sich zurück, sondern reagieren dann beispielsweise mit unerwünschtem Verhalten wie Bellen oder körperlich mit Durchfall oder nervösem Juckreiz.

Ein entspanntes und liebevolles Umfeld mit Wärme und Helligkeit sowie maßvoller körperlicher und mentaler Auslastung sind das ideale Umfeld für Hunde mit einem hohen Vata-Anteil. Warme und ruhige Farben wie Beige, Grün, Gelb oder Rosa sind für die Umgebung oder den Schlafplatz ideal.

## Das Pitta-Dosha – Der feurige Sonnenschein

Das Wesen der Bioenergie Pitta besteht aus den Elementen Feuer sowie einem kleinen Anteil Wasser und steht für Umwandlung, Hitze und Leuchtkraft. Im Körper erfüllt Pitta alle Stoffwechselprozesse innerhalb und außerhalb der Zellen. Es steht für die Funktionen an sich, wie beispielsweise die Verdauungsfunktion.

### Die mentale Ebene der Bioenergie Pitta

Pitta-Typen sind die strahlenden Hitzköpfe, die mit dem Kopf durch die Wand wollen und ab und zu Abkühlung brauchen. Sie sind sehr gute Beschützer und Frohnaturen mit viel Ausstrahlung und Präsenz. Hunde mit einem hohen Pitta-Anteil sind intelligent, haben einen Hang zur Ungeduld und man erkennt sie an ihren temperamentvollen, feurigen Wesenszügen. Es sind sehr sportliche Typen mit viel Power. Und diese Power wollen sie auch ausleben! Pitta-Hunde sind sehr eifrig und lieben es, zu arbeiten. Ihre Auffassungsgabe ist nicht so schnell wie bei Vata, sie brauchen einen Moment, um das Erlernte auch wirklich zu verarbeiten. Ihre Ausführung ist dafür präzise und genau, allerdings werden sie auch schnell zum Workaholic.
Da sie eine gute Stressresilienz haben, neigen sie nicht wie Vata zur Nervosität oder Ängstlichkeit. Wenn ihnen etwas missfällt, reagieren sie eher aufbrausend. An manchen Tagen geht auch einfach mal ihr Temperament mit ihnen durch. Alles, was sich an einem »Zuviel« in

ihnen angestaut hat, entlädt sich dann wie ein Vulkan. Dann ist auch erstmal wieder gut. Sie müssen sich zwischendurch Luft machen und sich abreagieren. Das kann durch massives Schütteln eines Spielzeugs oder Zerlegen von Gegenständen sein.

Sie sind nicht die geduldigsten Typen. Wenn ihnen ihrer Meinung nach etwas nicht schnell genug geht, können sie ungeduldig reagieren und vielleicht bekommt der ein oder andere einen »Stupser« oder »Zwicker«. Pitta ist zwar mutig, aber sein Selbstbewusstsein ist nicht so groß, wie er es nach außen vorgibt. Er plustert sich gerne auf und lässt sich schnell provozieren. Durch seine kurze Zündschnur kann es zu Überreaktionen kommen, die auch in dem ein oder anderen »Duell« ausgetragen werden. Da Pitta einen guten Beschützerinstinkt hat, ist er oft sehr territorial veranlagt. Du brauchst Dir also keine Sorgen um Dich, Dein Grundstück oder Dein Auto zu machen, an den Pitta-Hunden kommt so schnell keiner vorbei. Sie sind ausgezeichnete Bodyguards. Allerdings neigen sie auch zu besitzergreifendem, kontrollierendem Verhalten. Hier ist es besonders wichtig, als Mensch die Führung zu übernehmen, denn sonst hat man schneller einen kleinen Tyrannen im Haus, als einem lieb ist.

Das Gemüt von Pitta ist in der Regel sehr fröhlich und er zeigt bei allem einen starken Willen. Deshalb ist es häufig schwer, ihn von etwas zu überzeugen, was er nicht will. Allerdings ist sein Schwachpunkt sein ständiger Appetit, wodurch er mit Futter gut zu »bestechen« ist.

### *Die körperliche Ebene der Bioenergie Pitta*

Körperlich zeichnet sich der Pitta-Typ durch einen sportlich-muskulösen Körperbau aus. Pitta-Hunde sind nicht so zart wie Vata und nicht so kräftig wie Kapha. Sie haben eine körperlich starke Präsenz. Man hat den Eindruck, dass sie von innen heraus strahlen und vor Energie und Vitalität förmlich strotzen.

Die Haut und das Fell sind warm, weich und auch leicht ölig. Allerdings können sie schon in jungen Jahren ergrauen, was aber nicht bedeutet, dass sie an Vitalität und Kraft verlieren.
Die Verdauung ist durch den hohen Anteil an Feuer sehr gut – ebenso wie der Appetit. Einige dieser Typen sind wahrhafte Fressmaschinen, und dies zum Leidwesen ihrer Besitzer. Sie tun für Futter fast alles. Die gute Nachricht ist, dass sie keine Gewichtsprobleme haben. Pitta ist außerdem sehr regenerationsfähig.

### *Mentale Disharmonie in der Bioenergie Pitta*

Ungeduld und Impulsivität – das sind die beiden Eigenschaften, die gern und schnell zu einer Disharmonie auf mentaler Ebene bei Pitta-Hunden führen. Diese Hunde reagieren schnell gereizt und übellaunig. Da Pitta sehr leicht zu motivieren ist, kann ein zu hoher – oftmals vom Menschen nicht bemerkter – Druck nach noch ***mehr*** zu starken Stress-Symptomen führen und sich auf das Verhalten in negativer Form auswirken. Es kommt dann zu Aggressionsverhalten – einem sicheren Zeichen für eine fehlgesteuerte Pitta-Energie.

### *Körperliche Disharmonien in der Bioenergie Pitta*

Körperliche Störungen können im Dünndarm und im Magen auftreten und sich durch Magenbeschwerden wie Sodbrennen oder Allergien auf Nahrungsmittel äußern. Wenn sich ein Ungleichgewicht einstellt, neigt dieser Typ auch zu Beschwerden von Leber und Gallenblase. Eine überlastete Leber führt dann zu Müdigkeit. »Hitzeerkrankungen« können plötzlich auftreten wie zum Beispiel Erkältungen mit plötzlichem Fieber. Reizungen oder Entzündungen von Haut und Schleimhaut stehen außerdem im Vordergrund.
Durch sein inneres Feuer verträgt Pitta hohe Außentemperaturen nicht so gut und sucht kühle Plätze auf.

## *Bewegung für Pitta*

Pitta braucht viele Möglichkeiten der Beschäftigung. Vor allem Welpen dieses Typs fordern viel Aufmerksamkeit. Selbstverständlich sollst Du Deinen Welpen oder Junghund nicht schwindelig spielen, damit er müde ist. Finde das richtige Mittelmaß zwischen Aktivität und Ruhe. Bei Welpen oder Junghunden, die von Natur aus gerne übertreiben, mache bitte nur kurze intensive Spielsequenzen und bringe danach wieder Entspannung und Ruhe rein.

Der Pitta-Hund sollte die Möglichkeit haben, sich auszupowern, denn die hohe Feuer-Energie braucht ein Ventil. Allerdings nicht auf Kosten des Bewegungsapparates, daher sind Ballspiele zum Auszupowern zu vermeiden. Damit strapazierst Du auf Dauer die Gelenke Deines Hundes. Professioneller Hundesport wie Agility, Rally-Obedience oder Dog-Scooting sind gut geeignet, ebenso wie Radfahren oder schnelles Joggen. Trotzdem sollte man es nicht übertreiben! Zu viel Ehrgeiz führt dann wiederum zu Disharmonien.

Da Pitta vom Feuer dominiert wird, sollte für ausreichend Abkühlung und Entspannung gesorgt werden.

## *Umfeld für Pitta*

Ein ruhiges, kühles Plätzchen in der Wohnung ist wichtig – möglichst nicht neben dem Kamin oder auf warmen Fußböden.

Im Sommer freut sich Pitta über eine erfrischende Abkühlung durch Wasser.

Die Farben für das Hundebett sollten möglichst nicht von intensivem Rot-Orange sein, denn das würde den Feuer-Anteil noch verstärken. Optimal sind Blau-, Pastell-, Natur- oder Weißtöne.

## Das Kapha-Dosha – Der kleine Buddha

Das Wesen der Bioenergie Kapha besteht aus den Elementen Wasser und Erde und steht für Beständigkeit und Erdung. Die Eigenschaften sind kalt, schwer, feucht, schleimig und hart, aber auch weich. Diese Bioenergie sorgt für Struktur, Schmierung und Gleitfähigkeit. Die Kapha-Energie ist zuständig für die Stabilität der Gewebe, der Organe und des gesamten Körpers. Sie steht für körperliche und geistige Kraft und Ruhe.

### *Die mentale Ebene der Bioenergie Kapha*

Kapha-Typen sind die Beständigen und Starken mit weichem Kern. Sie sind friedfertige, aber sehr präsente und geerdete Wesen. Sie sind in vollkommener Harmonie mit sich und ihrer Umwelt und lassen sich kaum aus der Ruhe bringen. Kapha-Hunde strahlen eine Gelassenheit und Ruhe aus, die ansteckend ist. Dieser Typ gibt einen geduldigen, souveränen Leithund ab. Er zeichnet sich durch eine hohe soziale Kompetenz aus, die sich in Sanftmut, Geduld und Fürsorglichkeit ausdrückt.

Außerdem ist er in dem, was er tut – oder eben nicht tut – sehr konstant und entschlossen. Selbst im größten Trubel behält er die Nerven und sucht sich ein ruhiges Plätzchen zum Entspannen oder um den Überblick zu behalten. Überhaupt besteht sein Leben zum größten Teil aus Ruhe und Entspannung. Das ist seine größte Stärke. Hektik und Stress mögen Kapha-Hunde nicht, und anstatt sich anstecken zu lassen (wie Vata), prallt alles einfach an ihnen ab. Menschen sollten am besten die gleiche Lebenseinstellung von »In der Ruhe liegt die Kraft« an den Tag legen wie ihr Kapha-Hund. Flippige, temperamentvolle Menschen mit Elan und Begeisterung für immer neue Dinge überfordern den ruhigen ausgeglichenen Kapha-Typen und bringen seine Bioenergie ins Wanken. Wenn ihm alles zu viel wird, zieht er sich einfach in sein Schneckenhaus zurück, bis sich alles wieder um ihn herum entspannt hat.

Kapha-Hunde sind sehr genügsame Typen. Ihr größtes Glück ist es, irgendwo kuschelig warm zu liegen. Ihr Gedanke könnte auch sein »Die Welt dreht sich auch ohne mein Zutun, aber wenn ich gebraucht werde, bin ich zur Stelle«. Ihr Urvertrauen ist einfach enorm.

Neuem stehen Kapha-Hunde erstmal skeptisch gegenüber. Sie lieben ihre gewohnten Strukturen, obwohl ihnen neue Eindrücke gut tun. Sie machen oft auch einen antriebsschwachen Eindruck.
Sie brauchen mehr Zeit, um Aufgaben oder Dinge zu lernen und diese umzusetzen. Ihre Auffassungsgabe ist ohne Hast und wohlüberlegt, weshalb sie manchmal als einfältig eingeschätzt werden. Das sind sie aber keinesfalls! Ruhig und besonnen wägen sie für sich ab, was gut und vorteilhaft ist und was nicht.
Außerdem haben sie ein hervorragendes Gedächtnis. Was sie einmal gelernt haben, wird nicht vergessen.

### Die körperliche Ebene der Bioenergie Kapha

Der Kapha-Typ symbolisiert einen eher groben, starken Knochenbau. Er hat stabile und kräftige Knochen, Gelenke, Sehnen, Bänder, Krallen und Fell.
Er verfügt über ein sehr gutes Immunsystem sowie ein starkes Nervenkostüm, dafür ist sein Stoffwechsel aber eher träge. Da er gerne und lange schläft, kommt er oft schwer in die Gänge.
Man erkennt Kapha-Hunde an ihrem würdevollen, geschmeidigen und ruhigen Gang. Durch ihre Kraft und die gleichmäßigen Bewegungen haben Kapha-Hunde die größte Ausdauer von allen Konstitutionen.

### Mentale Disharmonie in der Bioenergie Kapha

Der Kapha-Hund ist durch seine körperliche wie seelische Stabilität am wenigsten anfällig für mentale Probleme wie Ängste, Unsicherheiten oder Verhaltensauffälligkeiten. Der Kapha-Hund mag weder Hektik noch Stress oder Druck. Wenn ihm alles zu viel wird, zieht er sich mehr und mehr in sich zurück und wartet so lange, bis der Sturm vorbeigezogen ist. Ihm ist es egal, wie lange das dauert, denn er hat sehr viel Geduld. Je länger dieser Zustand andauert, desto depressiver und lethargischer kann er werden. Bitte denke daran, dass Du bei einem solchen Typen mit Ungeduld und Druck nichts erreichen wirst. Ganz im Gegenteil: er wird immer ruhiger und zurückhaltender.

### Körperliche Disharmonien in der Bioenergie Kapha

Körperliche Störungen machen sich bei Kapha-Typen im Bereich der oberen Körperhälfte bemerkbar: Magen, Lunge, Atemwege, Brustraum und Kopf. Kaltes und feuchtes Wetter und kalte, feuchte Umgebung bringen Kapha-Typen schnell aus dem Gleichgewicht. Erkältungen mit Verschleimung sind in nass-kalten Wintermonaten und im Frühling ein typisches Kapha-Symptom.

Der zweite Bereich, der für eine Disharmonie anfällig ist, ist der Stoffwechsel und die Verdauung. Das Verdauungsfeuer, das bei Pitta riesig ist, gleicht bei Kapha eher einer kleinen Flamme. Große Mengen Futter können nicht optimal verstoffwechselt werden und sammeln sich dann als Ama (Schlacken) im Gewebe an. Die Hunde mit einem hohen Kapha-Anteil haben also eher Probleme mit Übergewicht und den entsprechenden Folgen.
Durch die beiden kalten Elemente Wasser und Erde ist die Durchblutung nicht immer optimal und es kommt schneller zu Schwellungen im Bereich der Extremitäten.

### *Bewegung für Kapha*

Die Aufgabe für uns als Mensch besteht darin, Leichtigkeit und Dynamik in den Hundealltag zu bringen. Auch wenn der Kapha-Hund lieber im Körbchen liegen bleiben würde, sollte für mehr Bewegung gesorgt werden. Einmal in Schwung, ist er nämlich sehr ausdauernd. Sportarten, die mit Schnelligkeit zu tun haben, sind jedoch nicht das Richtige für diesen Typ. Er mag es nicht und ist dafür schwer zu begeistern. Bewegung, die Ausdauer erfordert, tut ihm gut, wie zum Beispiel strammes Gehen oder Wandern. Auch ausgedehnte Spaziergänge mit viel Schnüffeln und Nasenarbeit liebt er. Der Kapha-Hund bringt genug Ruhe für Dummy-Arbeit oder auch Mantrailing mit sich und ist daher in diesem Bereich gut einsetzbar.

### *Umfeld für Kapha*

Kapha braucht Wärme, Licht und Luft! Lüfte regelmäßig Deine Wohnung oder Dein Haus. Bei zu hoher Luftfeuchtigkeit treten schnell Beschwerden der Atemorgane auf. Also Fenster auf! Licht, Sonne und frische Luft mehrfach täglich reinlassen. Und natürlich ab in die Natur! Hunde mit dieser Bioenergie brauchen Schwung im Alltag. Sie sind

so genügsam, ruhen und schlafen gern, dass man dazu neigt, sie nicht ausreichend zu fordern und zu fördern. Sie nehmen es problemlos hin, wenn man mal keine Zeit hat oder die Spazierrunden immer kleiner werden, allerdings lässt sich dann das Sprichwort »Wer rastet, der rostet« hervorragend anwenden. Der Kapha-Hund baut an Kondition und geistiger Beweglichkeit ab und kommt immer schwerer in die Gänge. Begegne dem, indem Du dieser Tendenz nicht nachgibst.
Ausreichend positive Hundekontakte halten fit und bringen neuen Input. Wähle außerdem immer wieder neue Runden für die Spaziergänge aus, um neue Reize anzubieten.

Für die Wohnung oder die Schlafplätze sind Gelb, Orange und Rottöne gut geeignet. Sie aktivieren und bringen neuen Schwung.

## Die Dual-Doshas

Auf den vorangegangenen Seiten haben wir Euch die drei reinen Doshas mit ihren Eigenschaften beschrieben. Jedes Lebewesen hat meistens in seiner Grundkonstitution zwei vorrangige Doshas. Das heißt, es mischen sich die Eigenschaften. Man spricht dann von den Dual-Doshas **Vata-Pitta, Pitta-Kapha und Kapha-Vata**.
Man nennt hierbei das vorrangige Dosha zuerst.

Du kannst Dir die Gewichtung als Kreis vorstellen. Jedes Lebewesen trägt alle Bioenergien in sich, hat aber seine ganz individuelle Gewichtung dieser Energien. Die beiden vorrangigen beschreiben dann den Typ.
Selten kommen reine Dosha-Typen oder die Tridosha (alle drei Dosha gleichmäßig verteilt) vor.

## Ein Beispiel für die Mischung der Bioenergien

Der Pitta-Vata-Typ hat mehr Pitta als Vata.
Die Kapha-Bioenergie zeigt sich am wenigsten.

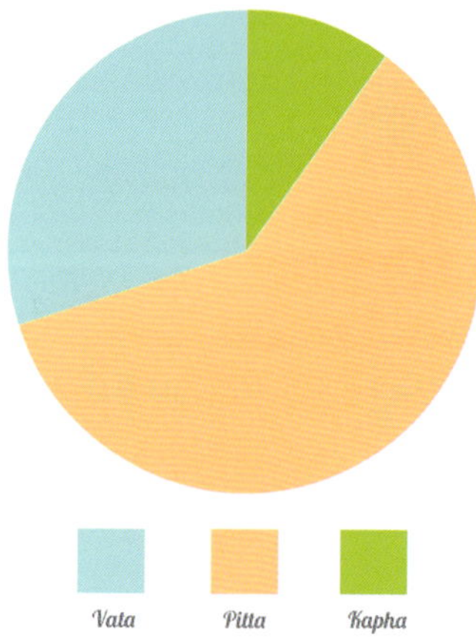


Der Vata-Pitta-Typ hat mehr Vata als Pitta und auch hier ist die Bioenergie Kapha am geringsten vorhanden.

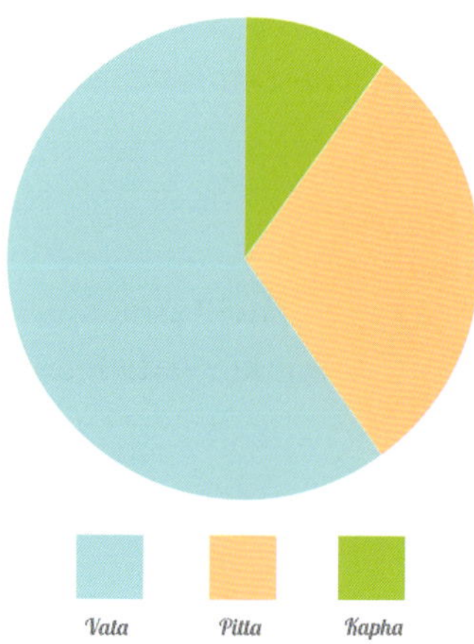

## Das Dual-Dosha Vata-Pitta

Heiß, kalt und vor allem trocken – diese Eigenschaften sind bei Vata-Pitta-Hunden vorrangig zu finden. Der Kapha-Anteil, der Feuchtigkeit, Erdung und Ruhe reinbringt, rückt bei diesen Hunden in den Hintergrund.
Hunde mit den Bioenergien Vata-Pitta sind leicht zu motivieren, sie lernen schnell und sind rasch in der Umsetzung. Sie sind aber nicht so »flippig« wie reine Vata-Hunde, dadurch haben sie eine bessere Konzentrationsfähigkeit. Durch ihren Feueranteil (Pitta) sind sie durchsetzungsfähig und willensstark und scheuen die Konfrontation nicht. Es ist entscheidend, diese Hunde gut auszulasten, sie aber auch immer wieder zur Ruhe zu bringen und für ausreichend Entspannung zu sorgen, damit sie nicht überdrehen oder zu schnell gereizt reagieren. Sie benötigen Erdung!
Es muss außerdem körperlich für ausreichend Befeuchtung durch geeignete Lebensmittel gesorgt werden, da sich ansonsten schnell Trockenheitssymptome wie Verstopfung, arthrotische Veränderungen der Gelenke oder trockene Haut zeigen können.

➲ Für die Ernährung orientierst Du Dich an den Empfehlungen für Vata und Pitta. Je nachdem, welches Dosha überwiegt, orientierst Du Dich an den jeweiligen Empfehlungen.

➲ Für die Bewegung und das Umfeld gelten die Empfehlungen für die Einzeldoshas. Je nachdem, was körperlich und mental überwiegt, orientierst Du Dich an den jeweiligen Empfehlungen.

## Das Dual-Dosha Pitta-Kapha

Hitze und Kälte – das sind die Eigenschaften, die sich bei diesem Dual-Dosha vereinen. Hitze durch das Feuer von Pitta und Kälte durch die Elemente Wasser und Erde von Kapha. Impulsivität auf der einen und Gelassenheit auf der anderen Seite verbinden diesen Charakter. Mit einem solchen Hund muss man recht flexibel im Handeln und Einschätzen von Situationen sein.
Pitta-Kapha-Hunde haben einen mittleren bis starken Körperbau. Es kombinieren sich Elan und Kraft. Durch eine gute Erdung kann diesen Typ so schnell körperlich und emotional nichts umwerfen. Er ist cool und gelassen, kann aber auch explodieren. Es sind die Hunde, an denen sich Artgenossen gern orientieren und die einen guten Leithund abgeben. Sie haben dazu die nötige Ruhe (Kapha) und das notwendige Durchsetzungsvermögen (Pitta).
Bei zuviel Stress – was hier länger dauert, bis es sich äußert – neigen diese Hunde zur Übersäuerung, Magenschleimhautreizungen und überschießenden Reaktionen.

Zu viele Aktivitäten und körperliche Arbeit, aber auch zu wenig Bewegung und zuviel Futter bringen Pitta-Kapha aus dem Gleichgewicht. Hitze erhöht die Pitta-Energie und feuchte Kälte steigert Kapha. Von April bis Mai findet der Übergang von Kapha zu Pitta statt – hier ist der Typ besonders anfällig für ein Ungleichgewicht.
Es können sich die Disharmonien zeigen, die wir unter den Einzeldoshas beschrieben haben.

➲ Für die Ernährung orientierst Du Dich an den Empfehlungen für Pitta und Kapha. Je nachdem, welches Dosha überwiegt, orientierst Du Dich an den jeweiligen Empfehlungen.

➲ Für die Bewegung und das Umfeld gelten die Empfehlungen für die Einzeldoshas. Je nachdem, was körperlich und mental überwiegt, orientierst Du Dich an den jeweiligen Empfehlungen.

## Das Dual-Dosha Vata-Kapha

Dieses Dual-Dosha vereint die Elemente Äther, Luft, Wasser und Erde. Es treffen sich die kalten Eigenschaften, es mischen sich jedoch auch die Qualitäten Trockenheit und Feuchtigkeit. Die Gegensätzlichkeit der Bioenergien gleicht sich bis zu einem bestimmten Punkt selbst aus. Kommen sie jedoch zu weit aus ihrer Balance, zeigen sich Symptome im mentalen oder körperlichen Bereich.
Diese Hunde sind meist athletisch mit einer gute Körperstruktur. Sie sind durch den »luftigen« Vata-Anteil aber leichter und flexibler als reine Kapha-Typen. Haut und Fell sind weich und leicht kühl. Die Verdauung dieser Hunde ist recht stabil, kann durch Stress aber unregelmäßig werden. Dieses Dual-Dosha ist gut belastbar, braucht aber seine Ruhe und zieht sich gern zurück. Lärm, Unruhe, zu viele wechselnde Eindrücke, übermäßige Anstrengung und Stress, aber

auch zu wenig Eindrücke und zu viel Schlaf führen zu einem Ungleichgewicht. Es können die Disharmonien auftreten, die wir unter den Einzeldoshas beschrieben haben.
Wenn das Wetter zwischen trockener und feuchter Kälte umschlägt, braucht der Körper besondere Aufmerksamkeit!

➲ Für die Ernährung orientierst Du Dich an den Empfehlungen für Vata und Kapha. Je nachdem, welches Dosha überwiegt, orientierst Du Dich an den jeweiligen Empfehlungen.

➲ Für die Bewegung und das Umfeld gelten die Empfehlungen für die Einzeldoshas. Je nachdem, was körperlich und mental überwiegt, orientierst Du Dich an den jeweiligen Empfehlungen.

## Prakriti und Vikriti

Jeder Hund kommt mit einer Ur-Natur, einer ihm eigenen Grundkonstitution (Prakriti) zur Welt, bei der die Doshas in einem harmonischen Zusammenspiel für Gesundheit und Wohlbefinden sorgen.
Im Laufe des Lebens kann es leicht durch falsche Ernährung, schlechte Haltungsbedingungen, Stress und andere äußere Faktoren wie klimatische Bedingungen zu einer Verschiebung dieser Grundkonstitution kommen. Man spricht dann vom Vikriti.

Alle ayurvedischen Maßnahmen zielen auf die Erhaltung oder aber der Wiederherstellung der Ur-Natur ab, das heißt auf die Balance der individuellen Verteilung der Doshas.

*Vikriti der einzelnen Doshas zeigen sich in bestimmten körperlichen und mentalen Problemen:*

**Vata-Störungen**

- Ängste und Phobien
- Allergien mit starkem Juckreiz
- Arthrose / arthrotische Veränderungen
- Beschwerden im Schulterbereich
- Blähungen
- Hormonelle Probleme
- Muskelprobleme
- Trockene Ekzeme
- Übernervöses und hektisches Verhalten
- Untergewicht
- Verstopfung

**Pitta-Störungen**

- Chronisch entzündliche Darmerkrankungen
- Gelenksentzündungen
- Gewichtsverlust trotz Heißhunger
- Gesteigertes Aggressionsverhalten
- Lebererkrankungen und Gallensteine
- Nahrungsmittelunverträglichkeiten mit Durchfall
- Nässende Ekzeme
- Ohrenentzündungen

**Kapha-Störungen**

- Allergisches Asthma mit viel Schleim
- Erkrankungen der oberen Atemwege
- Nasennebenhöhlenentzündung
- Ödeme
- Schwellungen der Gelenke
- Schwellungen der Haut und Lipome
- Übergewicht und schnelle Gewichtszunahme
- Übermäßige Lethargie

## Besondere Einflüsse von außen

### Rückstände im Trinkwasser

Unser Trinkwasser, gerade in den Industrieländern, ist häufig durch Umweltgifte, Medikamentenrückstände sowie Rückstände aus der Industrie belastet. Diese nehmen wir und unsere Hunde täglich zu uns. Wir empfehlen Dir, gefiltertes Wasser für die Zubereitung des Futters sowie als Trinkwasser für Deinen Hund zu verwenden.

Es gibt verschiedene Filtersysteme. Schau, was für Dich am besten passt. Wenn Du keinen Wasserfilter hast, empfehlen wir zur Reinigung und Energetisierung des Wassers sogenannte Schungitwassersteine. Ihnen wird eine anregende Kraft sowie eine Verbesserung und Aufwertung der Wasserqualität nachgesagt.
Schungite sind aus den Faulschlämmen von Meeresalgen vor circa 600 Millionen Jahren entstanden.
Du solltest die Steine vor Gebrauch mit klarem Wasser reinigen, da sie von einem kohlenartigen Staub umgeben sind. Keine Sorge, dieser Staub ist nicht giftig für Deinen Hund, er verfärbt das Wasser nur unansehnlich. Schungit-Wasser hat keinerlei Nebenwirkungen.

## *Elektrosmog*

Strahlenbelastung durch Funkmasten, Mobilfunkgeräte oder WLAN ist ein ernstzunehmendes Problem, auch wenn es immer noch nicht von offiziellen Stellen als solches ernst genommen wird. Elektrosmog löst Stressreaktionen im Körper aus und stört die Zellkommunikation. Dauerhafte Strahlenbelastung überreizt und erschöpft letztlich den Körper.

**Dauerhafte Strahlenbelastung:**

- fördert die Bildung freier Radikale, die den Alterungsprozess vorantreiben können
- stört das vegetative Nervensystem und fördert so beispielsweise Verdauungsprobleme
- stört den Stoffwechsel und fördert somit Müdigkeit, Schmerzzustände im Bewegungsapparat, in den Nerven sowie chronische Entzündungen
- schwächt das Immunsystem und fördert Infektanfälligkeit, Allergien und Autoimmunerkrankungen
- belastet die Psyche und fördert Unruhe und Nervosität

**Was kannst Du tun?**

- Nachts das WLAN ausschalten
- Nachts das Handy aus- oder auf Flugmodus schalten
- Schlaf- und Ruheplätze nicht an elektrischen Geräten platzieren
- Schlafplätze sollten handyfreie Zonen sein
- Achte auf Sendemasten, die sich in unmittelbarer Nähe Deiner Wohnung oder Deines Hauses befinden – wenn Du die Möglichkeit hast: miete eine solche Wohnung gar nicht erst.
- Informiere Dich weiter, wenn Dich dieses Thema interessiert.

## Die Doshas und Rasseneigenschaften

Jeder Hund hat seine individuelle Bioenergie, allerdings bringt jede Rasse durch bestimmte Zuchtmerkmale oft einen Anteil einer bestimmten Bioenergie mit. Innerhalb einer Rasse gibt es dann natürlich auch noch Unterschiede.

So haben beispielsweise die Terrier, Pinscher und Schnauzer einen großen Anteil an Pitta – körperlich und mental. Sie sind temperamentvolle, mutige, fröhliche Wesen, die ihren Hang zur Impulsivität nicht leugnen können. Körperlich sind sie robust, gut bemuskelt und sehr dynamisch.

Bei Jagdhunden wird im Verhalten der Pitta-Anteil deutlich, Vata hingegen zeigt sich im schlanken Körperbau, der schnellen Auffassungsgabe und in der raschen Umsetzung von Aufgaben.

Hüte- und Treibhunde bringen häufig mental viel Vata mit. Sie haben eine extrem schnelle Auffassungsgabe, sind sehr kreativ und mögen alles, was mit Schnelligkeit zu tun hat. Allerdings neigen sie auch zu einem instabilen Nervenkostüm, was sich in Nervosität und Unsicherheit zeigt. Da sie zu zwanghaftem Verhalten neigen (hier ist zum Beispiel der Balljunkie gemeint oder das Hüten von Gegenständen und Menschen), können sie dies stimmlich sehr stark kundtun. Körperlich muss sich der Vata-Anteil nicht unbedingt immer zeigen. Sie können recht kräftig sein (Kapha-Anteil).

Windhunde sind generell der klassische Vata-Typ. Sie sind zart und feingliedrig und sehr gute Sprinter. Auf mentaler Ebene bringen sie oft eine extreme Sensibilität mit und neigen schnell zu Stressverhalten.

Bei den Molossern, den doggenartigen Hunden, sieht man deutlich den Kapha-Anteil. Sie sind sehr stark bemuskelt und haben meist eine stattliche Statur. Auf der mentalen Ebene zeigen sie sich ruhig und gelassen, kaum etwas kann sie erschüttern. Sie lieben die Gemütlichkeit und verlieren selten die Fassung.

Bei den Wach- und Hirtenhunden findet sich ein hoher Kapha-Anteil auf körperlicher Ebene. Eine große Portion Pitta gehört bei ihnen allerdings auch dazu.

Um die Grundkonstitution Deines Hundes einzuschätzen, solltest Du also unbedingt die Rasse mit einbeziehen. Man kann aber pauschal keine Rasse in ein bestimmtes Dosha einordnen.

## Die Doshas und die Jahreszeiten

Jede Jahreszeit und jedes Klima hat schöne und weniger schöne Seiten und löst andere und individuelle Empfindungen aus. Wie wir das Wetter oder die klimatischen Bedingungen empfinden, hängt auch mit unserer Grundkonstitution zusammen.
Im Winter möchten wir uns wärmen, wenn wir ein frösteliger Typ sind (Vata). Im Sommer kühlen, vor allem, wenn wir viel Pitta (Feuer/Hitze) in uns tragen.
Ist die Luft besonders trocken (Vata), braucht die Haut Feuchtigkeit. Bei hoher Luftfeuchtigkeit lässt es sich schwerer atmen und man fühlt sich schwer. Das kommt vor allem bei Kapha zum Tragen.

Die Ernährung, die Umgebung und andere Maßnahmen können Unterstützung leisten, mit den klimatischen Bedingungen besser zurecht zu kommen.

| Jaheszeit | Dominierende Doshas | Den Körper … | Vor allem für … |
|---|---|---|---|
| Frühling | Kapha | … entlasten | Kapha |
| Sommer | Pitta | … kühlen | Pitta |
| Herbst | Vata und Kapha | … aufbauen | Vata und Kapha |
| Winter | Vata | … nähren und wärmen | Vata |

## In den Jahreszeiten unterstützen

### *Entlasten im Frühling*

**➲ Entschlackungskur mit Schüßler-Salzen**

Die Schüßler-Salze Nr. 4, 6, 9 und 10 unterstützen den »Frühjahrsputz« im Körper:

- Schüßler-Salz Nr. 4 Kalium chloratum D6 – das Salz der Zellentgiftung
- Schüßler-Salz Nr. 6 Kalium sulfuricum D6 – das Salz für die Entschlackung
- Schüßler-Salz Nr. 9 Natrium sulfuricum D6 – das Salz zur Anregung der Stoffwechselfunktion
- Schüßler-Salz Nr. 10 Natrium sulfuricum D6 – das Salz für die innere Reinigung

| Wir empfehlen folgende Dosierung über 4 bis 6 Wochen: |
|---|
| Kleiner Hund: 2x täglich je ½ – 1 Tablette<br>Mittelgroßer Hund: 2x täglich je 2 Tabletten<br>Großer Hund: 2x täglich je 3 Tabletten |

### ➲ MSM (Methylsulfonylmethan)

MSM ist eine natürliche Schwefelverbindung, welche die Zellreinigung unterstützt. Verwende am besten OptiMSM®, da hier Reinheit garantiert wird.

Wir empfehlen folgende Dosierung über 4 Wochen:

Kleiner Hund: 1x täglich 1 gehäufte Messerspitze ins Futter
Mittelgroßer Hund: 1x täglich ½ Teelöffel ins Futter
Großer Hund: 1x täglich 1 Teelöffel ins Futter

### ➲ Brennnesseltee zur Blutreinigung

Die Brennnessel reinigt den Organismus von Ama, wirkt entgiftend und blutreinigend. Außerdem stimuliert sie den Stoffwechsel.

Wir empfehlen folgende Dosierung über 4 bis 6 Wochen:

Hund bis 5 kg – 25 ml ins Futter
Hund bis 15 kg – 75 ml ins Futter
Hund bis 30 kg – 150 ml ins Futter
Hund ab 35 kg – 200 ml ins Futter

**MSM und Brennnesseltee bieten sich auch als Kombination mit den Schüßler-Salzen an.**

## *Kühlen für den Sommer*

### ➲ Grüne Smoothies

Vor allem in den Sommermonaten können Salate, Salatgurke, Kräuter und Obst als Smoothie frisch püriert gefüttert werden – entweder als Ersatz für das gekochte Gemüse oder ergänzend dazu.

## Smoothie-Rezept 1

½ Apfel
Eine Handvoll Feldsalat
Eine Handvoll Möhrenkraut
¼ Zucchini
etwas Wasser
1 TL Gerstengras

## Smoothie-Rezept 2

½ Birne
Eine Handvoll Ruccola
Eine Handvoll Blattspinat
¼ Gurke
etwas Wasser
1 TL Hanfsamen

Jeweils alles miteinander mischen und pürieren. Du kannst den Smoothie dann in einen Eiswürfelbehälter einfüllen und einfrieren. Für kleine Hunde reicht pro Tag ein aufgetauter Würfel, größere Hunde können entsprechend mehr bekommen. Natürlich kannst Du den Smoothie immer frisch zubereiten und verfüttern.

## Aufbauen im Herbst

### ➲ Kolostrum

Kolostrum ist die erste Muttermilch und enthält sehr viele Gammaglobuline, die das Immunsystem stärken sowie hochwertige Proteine, Vitamine, Mineralstoffe und Spurenelemente. Wir empfehlen Kolostrum der Ziege, da dieses einen höheren Nährstoffgehalt aufweist als das der Kuh.

Wir empfehlen folgende Dosierung:

Kleiner Hund: 1x täglich 1 Teelöffel
Mittelgroßer Hund: 2x täglich 1 Teelöffel
Großer Hund: 2x täglich 1 Esslöffel

### ➲ Schüßler-Salze

- Schüßler Salz Nr. 2 Calcium phosphoricum D6 – das Salz für die Kräftigung von Knochen, Zähnen und dem Bewegungsapparat
- Schüßler Salz Nr. 3 Ferrum phosphoricum D12 – das Salz für das Immunsystem
- Schüßler Salz Nr. 7 Magnesium phosphoricum D6 – das Salz für entspannte Muskeln und zur Stärkung der Nerven

Wir empfehlen folgende Dosierung über 4 bis 6 Wochen:

Kleiner Hund: 2x täglich je ½ – 1 Tablette
Mittelgroßer Hund: 2x täglich je 2 Tabletten
Großer Hund: 2x täglich je 3 Tabletten

## *Nähren und Wärmen im Winter*

Im Ayurveda geht man immer antagonistisch vor:

**Je mehr Kälte, umso mehr muss man wärmen.**
**Je mehr Feuchte, umso mehr muss man trocknen.**
**Je mehr Wind und Trockenheit, umso mehr muss man schmieren, um zu nähren.**

**Entsprechende Maßnahmen eignen sich für den Winter:**

- Ghee zugeben! Das Gemüse kann mit etwas Ghee gekocht werden. Ghee nährt und sorgt für eine gute Schmierung (s. S. 90).
- Süß und sauer sind die Geschmacksrichtungen, die erden und nähren:
  - » sauer: 1x täglich ½ Teelöffel Apfelessig pro 15 kg Körpergewicht
  - » süß: Wurzelgemüse, Kartoffeln
- Kräuter: Ingwer, Kurkuma, Zimt, Thymian, Oregano, Hanfsamen, Melisse, Majoran, Lavendel

## Die Doshas und das Lebensalter

Das Leben wird in seinem Verlauf ebenfalls durch die Eigenschaften der Doshas unterstützt und wir können den Hund durch bestimmte Maßnahmen in den verschiedenen Lebensabschnitten unterstützen. Die Lebensphasen sind von Rasse zu Rasse verschieden. Große Hunde sind länger in der Entwicklungsphase, kommen aber schneller in die Phase des alten Hundes. Bei Kleinrassen ist es umgekehrt – sie sind schneller ausgereift und können älter werden als große Hunde.

Das Welpen- und Junghundealter wird von Kapha, also von Wachstum, geprägt. Der Körper braucht optimale Nährstoffe in bester Qualität, um sich voll zu entwickeln und zu entfalten. Hier wird die »Saat gesät«, die man später ernten möchte: einen gesunden Hund bis ins hohe Alter. Hier liegt die Verantwortung schon beim Züchter. Mutterhündinnen geben bereits eine gute Darmflora an ihre Welpen mit. Je natürlicher die Mutterhündin gefüttert wird, desto gesünder sind auch die Welpen. Oftmals hören wir, dass aus Unsicherheit im Wachstum auf Trockenfutter zurückgegriffen wird, selbst wenn die Besitzer der natürlichen Fütterung nicht abgeneigt sind. Aber gerade diese Zeit ist so wichtig für die Entwicklung des Hundes, dass auf eine natürliche, vitalstoff- und abwechslungsreiche Fütterung geachtet werden sollte.

Der erwachsene Hund befindet sich in dem Lebensabschnitt, der von Pitta geprägt ist. Es ist wichtig, auf Regeneration und Ausgleich zu achten. Das bedeutet, den Körper immer wieder durch Entschlackungskuren, vorzugsweise im Frühling, zu unterstützen. Besonders bei Pitta-Hunden sollte darauf geachtet werden, dass ihr Feueranteil nicht überschießt.

Das hohe Lebensalter ist durch Kälte und Trockenheit geprägt. Das frische Kapha-Alter und die Dynamik des Pitta-Lebensabschnittes verlieren sich und Gewebe trocknet aus, Gelenke werden unbeweglich und es kommt zu altersbedingten Arthrosen.
Ein Hund mit viel Vata in seiner Grundkonstitution braucht gerade im Alter viel Feuchtigkeit und Wärme, weil sich die Vata-Eigenschaften »verdoppeln«.

Passe die Ernährung, Bewegung und die vorbeugenden Maßnahmen Deinem Hund, seiner Konstitution und seinem Alter an.

| Lebensabschnitt | Dominierende Doshas | Was ist prägend in dem Lebensabschnitt? | Worauf ist zu achten? |
|---|---|---|---|
| **Welpen- und Junghundealter** | Kapha | Wachstum und Aufbau | nähren und aufbauen |
| **Erwachsener Hund** | Pitta | Umsetzung und Dynamik | nicht zu feurig |
| **Alter Hund** | Vata | Trockenheitsprozesse und Beweglichkeitsverlust | nicht zu trocken |

## Thermik der Lebensmittel

Jedem Lebensmittel wohnt eine thermische Eigenschaft inne. So wirkt beispielsweise Ingwer sehr heiß auf den Körper, Joghurt hingegen kühlend. Die thermische Wirkung der Lebensmittel hat einen direkten Einfluss auf das Wohlbefinden, die Gesundheit und auch auf die Psyche. Man kann sie sogar nutzen, um auf den Körper therapeutisch einzuwirken.

Einen Hund, der schnell friert oder eine schwache Verdauung hat, muss man wärmen – äußerlich wie innerlich.
Einen Hund, der Hitzesymptome wie Allergien mit Juckreiz zeigt oder der schnell aufbrausend und ärgerlich wird, muss man kühlen.

Die Thermik lässt sich durch die Zubereitung beeinflussen. Durch Dünsten, Kochen, Backen oder Trocknen wird dem Lebensmittel Wärme zugeführt, durch Einfrieren und Fermentieren wird Kälte zugeführt. Das kann ein Grund dafür sein, warum es Hunde gibt, die mit der Rohfütterung nicht zurechtkommen. Meistens sind es Tiere mit viel Vata oder Kapha in ihrer Grundkonstitution – erst recht, wenn die Doshas auch noch aus ihrem Gleichgewicht gekommen sind. Das oftmals vor der Verfütterung tiefgefrorene Fleisch und das rohe Gemüse führen dem Körper Kälte zu. Das verstärkt dann körperliche Symptome wie Magenbeschwerden oder arthrotische Beschwerden des Bewegungsapparates.
Ein weiteres Beispiel ist die Fütterung von Trockenfutter. Trockenfutter wirkt extrem heiß und trocken auf den Körper. Es enthält diese Hitze, weil die Inhaltsstoffe zuerst getrocknet, dann vermahlen und dann noch einmal erhitzt werden. Allein darin kann, unabhängig von den Inhaltsstoffen, die Ursache für Juckreiz liegen. Juckende und gerötete Haut, trockenes Fell und Unruhe gehören zu den Hitze-Symptomen.

Auch immer wiederkehrende Reizungs- oder Entzündungsprozesse im Bereich der Gelenke können durch Trockenfutter verursacht werden. Man kann nun der Annahme unterliegen, dass Trockenfutter gut für Vata und Kapha sei. Dem ist aber nicht so! Trockenfutter ist sehr schwer verdaulich und damit nicht für Vata und Kapha geeignet. Beide Doshas haben ein empfindliches Verdauungsfeuer. Es entsteht schnell Ama, das den Körper belastet. Trockenfutter verstärkt vor allem bei Vata Nervosität und Unruhe.

| Thermik | Beispiele für Lebensmittel |
|---|---|
| kalt | Gurke, Wassermelone, Honigmelone, Ananas, Kiwi, Joghurt, Chlorella, Spirulina, kaltes Wasser, (Hunde-)Eis |
| erfrischend | Ente, Kaninchen (gezüchtet), Dorsch, Brokkoli, Mangold, Spinat, Zucchini, Chinakohl, Banane, Apfel(süß), Birne, Buchweizen, Quark, Hüttenkäse, Frischkäse, Salbei, warmes Wasser |
| neutral | Gans, Wildkaninchen, Pute, Rind, Kalb, Lachs, Forelle, Rote Bete, Feldsalat, Kartoffel, Kürbis, Möhren, Brombeere, Himbeere, Heidelbeere, Hagebutte, Hirse, Amaranth, Quinoa, Reis, Kuhmilch, Butter, Brennnessel, Eier, Honig |
| warm | Fasan, Pferd, Reh, Rentier, Wildente, Huhn, Strauß, Makrele, Scholle, Sprotte, Sardelle, Sardine, Hering, Fenchel, Süßkartoffel, Hokkaidokürbis, Aprikose, Pfirsich, Apfel (sauer,) Erdbeere, Himbeere, Johannisbeere, Haferflocken, Ziegenmilch, Ziegenjoghurt, Schafsmilch, Schafsjogurt, Ingwer (frisch),Petersilie, Basilikum, Rosmarin, Thymian, Oregano |
| heiß | Hirsch, Lamm, Schaf, Ziege, Ingwer (getrocknet), Knoblauch, Trockenfutter |

# Fragebogen zur Bestimmung der Konstitution

Der folgende Fragebogen dient dazu, die Konstitution Deines Hundes zu bestimmen. Zunächst den gesunden Zustand (Prakriti) und dann die Abweichung vom Ur-Zustand (Vikriti). Wenn Du nach dem Lesen der einzelnen Typen Deinen Hund bereits einordnen kannst, kann der Fragebogen nochmals als Absicherung dienen oder aber er hilft Dir bei der Bestimmung der bei Deinem Hund vorrangigen Doshas. Nutze aber auch das Wissen um die einzelnen Typen zur Bestimmung und nicht ausschließlich die Wertung im Fragebogen.
Wenn Du unsicher bist, dann wende Dich an einen Tierheilpraktiker, der mit Ayurveda Erfahrung hat.

## Die Grundkonstitution

Bitte erinnere Dich an den gesunden Zustand Deines Hundes und kreuze Zutreffendes an. Du kannst je Zeile ein Kreuz oder auch mehrere Kreuze machen.

| | Vata | Pitta | Kapha |
|---|---|---|---|
| **Körperlich** | | | |
| **Körperbau** | ☐ schlank, zart, feingliedrig | ☐ normale Proportionen, sportlich | ☐ stämmig, kompakt, schwerer Körperbau |
| **Typus** | ☐ quirlig, hektisch, überschwänglich | ☐ dynamisch, temperamentvoll, viel Energie, impulsiv | ☐ langsam, gemütlich, sehr entspannt |

*Alle Listen und Formulare zum Herunterladen s. S. 4*

| | | | |
|---|---|---|---|
| **Stressresilienz** | ☐ sehr schnell gestresst, schnell nervös | ☐ gute Stressresilienz; reagiert, wenn nötig impulsiv | ☐ sehr gute Stressresilienz, kann kaum aus der Ruhe gebracht werden |
| **Haare** | ☐ fein, dünn, wenig Unterfell | ☐ normales Unterfell, wird schnell grau | ☐ sehr dichtes Unterfell, talgige Haut |
| **Muskeln** | ☐ wenig Muskeln | ☐ gut bemuskelt | ☐ stark bemuskelt |
| **Appetit** | ☐ wechselhaft, mäkelig | ☐ hat immer Hunger | ☐ mäßiger Appetit |
| **Kondition** | ☐ kurze Ausdauer, »Sprintertyp« | ☐ gute Ausdauer, hechelt aber schnell | ☐ sehr gute Ausdauer, »Marathonläufer« |
| **Immunsystem** | ☐ leicht anfällig, eher schlecht | ☐ mittelmäßig, anfällig gegenüber Infektionen | ☐ gute, zuverlässige Abwehr |
| **Klimatische Empfindungen** | ☐ mag keinen Wind und trockene Kälte | ☐ verträgt starke Hitze nicht gut | ☐ verträgt feucht, kaltes Wetter nicht gut |
| **Mental** | | | |
| **Willenskraft** | ☐ ungeduldig | ☐ starker Wille, stur | ☐ konstant und entschlossen |
| **Selbstbewusstsein** | ☐ wenig selbstbewusst, wird schnell unsicher, lässt sich leicht irritieren | ☐ erscheint nach außen selbstbewusster, als er wirklich ist | ☐ sehr gutes Selbstbewusstsein |
| **Bellverhalten** | ☐ bellt sehr schnell und viel | ☐ bellt nur, wenn es »wichtig« ist | ☐ bellt selten |

| | | | |
|---|---|---|---|
| **Gemüt** | ☐ sehr sensibel, nervös bis ängstlich | ☐ aufbrausend, ungeduldig, schnell gereizt, mutig, forsch | ☐ sanftmütig, ruhig und ausgeglichen, verliert sehr selten die Fassung, nachgiebig |
| **Umgang mit anderen** | ☐ offen, kontaktfreudig, extrovertiert lässt sich schnell ablenken | ☐ eifersüchtig, kontrollierend, besitzergreifend | zurückhaltend, schüchtern, introvertiert |
| **Lernen** | ☐ sehr schnelle Reaktionen und Auffassungsgabe | ☐ gute Auffassungsgabe, arbeitet gerne und mit viel Elan | ☐ langsames Verständnis, braucht Zeit in der Umsetzung |
| **Summe der Kreuze** | | | |
| **Grundkonstitution Deines Hundes** | | | |

Du hast nun die Grundkonstitution Deines Hundes ermittelt, die es zu erhalten oder wiederzuerlangen gilt.
Im Fragebogen zu den Störungen auf den folgenden Seiten kannst Du nun ermitteln, ob es Abweichungen zu dieser Grundkonstitution, also ob es ein Vikriti gibt.

*Alle Listen und Formulare zum Herunterladen s. S. 4*

## Störungen der Konstitution

Wie ist der Zustand im Moment? Bitte kreuze Zutreffendes an.

| | Vata | Pitta | Kapha |
|---|---|---|---|
| **Verdauung und Stuhlgang** | ☐ Verstopfung und harter, unregelmäßiger Stuhlgang, Blähungen / Blähbauch | ☐ manchmal Durchfall | ☐ schleimiger, breiiger Stuhlgang |
| **Haut, Ballen, Krallen** | ☐ trocken (Haut, Krallen), rissig, Schwielen, ggf. dunkle Flecken | ☐ Juckreiz, Rötung, feuchte Hautstellen, feuchte Pfoten | ☐ Haut sehr fettig ggf. mit Juckreiz |
| **Gelenke** | ☐ Gelenkverschleiß (Arthrose) | ☐ Gelenkentzündungen | ☐ Schwellungen der Gelenke, Ödeme |
| **Allergien** | ☐ Allergien mit starker Reaktion des Nervensystems z.B. trockene Ekzeme, massiver Juckreiz | ☐ Allergien mit gleichzeitiger Entzündungsreaktion z.B. nässende Ekzeme | ☐ Allergien mit Schleimbildung z.B. Heuschnupfen oder allergisches Asthma |
| **Allgemeines Verhalten** | ☐ überbeweglich, zappelig, unruhig, überaktiv, neigt zu Übersprungsverhalten | ☐ »explodieren«, aggressiv, schnell gereizt | ☐ träge, kommt kaum in Schwung |
| **Sinnesorgane** | ☐ extrem geräuschempfindlich, berührungsempfindlich | ☐ gerötete Augen oder häufig Bindehautentzündung, auf Licht überempfindlich | ☐ nimmt Geräusche und andere Sinneseindrücke kaum wahr (i.S.v. abgestumpft) |

| | | | |
|---|---|---|---|
| **Zur Ruhe kommen & Schlaf** | ☐ unruhiger Schlaf, kann nicht einschlafen bzw. schnell zur Ruhe kommen, überdreht | ☐ wilde Träume: Zappeln im Schlaf | ☐ kann dauernd schlafen, kommt morgens nicht in Schwung |
| **Weiteres** | ☐ energielos, erschöpft | ☐ Leberprobleme – evtl. erhöhte Leberwerte | ☐ Harnwegsinfekte, Nierensteine |
| | ☐ Rückenprobleme | ☐ Sodbrennen, Magenprobleme | ☐ Fließschnupfen |
| | ☐ Gewichtverlust | ☐ Entzündliche Erkrankungen | ☐ Erkältungen mit Verschleimung der Atemwege |
| | ☐ Hormonelle Probleme | ☐ öfter Fieber oder erhöhte Temperatur | ☐ starker Speichelfluss |
| | ☐ vermehrt Ängste, Unruhe | ☐ starker Körpergeruch | ☐ übermäßig anhänglich |
| **Summe der Kreuze** | | | |
| **Abweichende(s) Dosha / Doshas** | | | |

Wenn Du mit dem zweiten Fragebogen festgestellt hast, dass es Abweichungen zur Grundkonstitution gibt, dann muss diese durch entsprechende Maßnahmen wiederhergestellt werden. Du orientierst Dich dann zunächst an dem Dosha, welches **am stärksten von der Grundkonstitution abweicht.**

Beispiel: Dein Hund ist von der Grundkonstitution Vata-Pitta. Es zeigen sich aber aktuell Übergewicht und Antriebslosigkeit. Zusätzlich reagiert er schnell gereizt. Dein Hund hat aktuell ein überhöhtes Kapha und eine Pitta-Überenergie. Alle ayurvedischen Maßnahmen müssen so gewählt werden, dass sie diese überhöhte Energie reduzieren. Beispielsweise:

- Weniger Futter und Intervallfasten
- Lebensmittel nach der Lebensmittelliste für Kapha und Pitta
- Mehr Bewegung, um das Herz-Kreislaufsystem anzuregen
- Leber und Lymphsystem unterstützen durch Löwenzahn, Brennnessel, Große Klette und/oder Klettenlabkraut
- Entschlackungskur mit Schüßler-Salzen (siehe Seite 39)

**Wenn die Grundkonstitution wiederhergestellt ist, orientierst Du Dich an den Empfehlungen für dieses Dual-Dosha.**

# Über Gesundheit und Heilung – Die Verdauung

Eine optimale Verdauung ist der zentrale Punkt im Ayurveda – sie ist die Basis für Gesundheit. Und umgekehrt ist eine schlechte und eingeschränkt funktionierende Verdauung Ursache für Erkrankungen. Was hat es damit auf sich?

Hier kommt das Agni – das Verdauungsfeuer – ins Spiel. Es ist verantwortlich für die optimale Umwandlung (»Verbrennung«) der Nahrung durch Enzyme in körpereigene Substanzen. Es werden so alle Zellen mit wichtigen Nährstoffen versorgt und alle Körpergewebe aufgebaut. Ayurveda benennt sieben aufeinander aufbauende Körpergewebe, die von der richtigen Nahrung und einem optimal funktionierenden Agni abhängig sind. Ist das vorangegangene Körpergewebe zu schwach, kann auch das darauffolgende Körpergewebe nicht richtig aufgebaut werden. Brennt das Verdauungsfeuer zu schwach, wird die Nahrung nicht ausreichend verdaut und die Körpergewebe werden in Mitleidenschaft gezogen. Durch das schwache Agni entsteht Ama. Zu viel Ama macht sich im Körper anfänglich durch Verdauungsstörungen, Schweregefühl oder ständige Müdigkeit bemerkbar und später können ernsthafte Krankheiten auftreten.

Die sieben Gewebe (Dhatus), die aufeinander aufbauen und durch die richtige Ernährung und ein starkes Agni optimal versorgt werden:

| Dhatus | Gewebe | Aufgabe im Organismus |
|---|---|---|
| **1. Rasa Dhatu** | Plasma und Lymphe | nährt den Körper |
| **2. Rakta Dhatu** | Blut | transportiert Sauerstoff |
| **3. Mamsa Dhatu** | Muskeln | umhüllt und formt den Körper, Bewegungsabläufe |
| **4. Meda Dhatu** | Fettgewebe | schmiert den Körper |
| **5. Asthi Dhatu** | Knochen und Knorpel | stützt den Körper |
| **6. Majja Dhatu** | Nerven, Knochenmark und Bindegewebe | füllt die Körperhöhlen aus, ermöglicht kognitive Prozesse |
| **7. Shukra Dhatu** | weibliches und männliches Fortpflanzungsgewebe | Fortpflanzung, es entsteht Ojas (die Lebensessenz) |

Die Stärkung des Agnis und die Reduzierung von Ama sind entscheidend für Gesundheit, Wohlbefinden und Heilung.

# Natürliche Fütterung nach den Prinzipien des Ayurveda

## Vitalstoffreiches und sattvisches Futter

Eine ausgewogene Ernährung für den Hund unterscheidet sich im ganzheitlichen Prinzip des Ayurveda nicht von der des Menschen. Auch bei den Hunden müssen kosmische Elemente in Harmonie sein, damit sie gesund und vital bleiben. Ernährung ist im Ayurveda eine wichtige Säule für Gesundheit – sie kann heilen und gesund erhalten oder schaden. Körper, Geist und Seele profitieren von natürlichen Lebensmitteln oder nehmen Schaden durch minderwertige Nahrung.

Für den Menschen wird im Ayurveda eine überwiegend pflanzliche Kost empfohlen. Für den Hund als Karnivor (Fleischfresser) ist das in der Form nicht geeignet. Ein wesentlicher Bestandteil des Futters sollte tierischer Natur sein – darauf ist der Körper mit seiner Anatomie und Physiologie bis heute ausgerichtet.
Allerdings vertreten wir die Ansicht, dass ein übermäßiger Fleischkonsum auch beim Hund nicht immer gesundheitsförderlich ist. Denn entgegen den Umständen in der Natur haben unsere Haushunde selten Entlastungsphasen. Wildhunde oder Wölfe, aber auch Straßenhunde, haben nicht jeden Tag Fleisch zu fressen. Der Körper wird durch fleisch- oder futterfreie Tage entlastet und einer Überversorgung mit Protein wird vorgebeugt. Wir empfehlen deshalb einen leicht reduzierten Fleischkonsum, Entlastungstage sowie das Intervallfasten. Genauso wie für den Menschen im Ayurveda eine Vielfalt von Lebensmitteln empfohlen wird, ist das auch für den Hund wichtig.

Aus ganzheitlicher Sicht bedeutet Nahrung nicht nur die Zufuhr von Proteinen, Kohlenhydraten, Fetten, Vitaminen, Mineralstoffen sowie Spurenelementen, sondern auch, dass die Nahrung einen regenerierenden Effekt auf das Immunsystem und die Vitalität hat. Die Nahrung sollte von ihrer Qualität überwiegend sattvisch sein.

*Sattva* steht im Ayurveda für Reinheit, Harmonie, Gleichgewicht und Bewusstsein.

Eine sattvische Ernährung ist eine Ernährung, die uns mit Lebensenergie erfüllt und diese erhält. Sie wirkt außerdem depressiven Verstimmungen, Ängsten, Sorgen, Trägheit und Aggression entgegen.
Eine sattvische Ernährung zeichnet sich durch die Verarbeitung frischer Produkte und reichhaltige, natürliche Vitalstoffe aus. Durch den Verzehr sattvischer Nahrung bleibt der Körper im Gleichgewicht und alle Stoffwechselvorgänge können optimal ablaufen. Damit bildet sie die Basis für Gesundheit.
Fertignahrung in jeglicher Form wird aus ayurvedischer Sicht als nicht-sattvisch bezeichnet und ist im Vergleich zu Selbstgekochtem bzw. Selbstzubereitetem immer minderwertig. Es kommt zu einem Ungleichgewicht im Körper und Krankheiten können sich auf physischer und/oder mentaler Ebene manifestieren.

Neben der sattvischen Qualität benennt der Ayurveda noch die Qualitäten Rajas und Tamas. Was sie im Einzelnen bedeuten und welchen Einfluss die Qualitäten auf Körper, Geist und Seele haben, findest Du in der folgenden Tabelle.

| Qualität | Zubereitung der Lebensmittel | Einfluss auf Körper, Geist und Seele |
|---|---|---|
| **Sattva Reinheit / Makellosigkeit** | frisch zubereitetes Futter, gar nicht oder nicht zu lange gekocht | • bringt Ausgeglichenheit<br>• stärkt die Sinnesorgane und den Körper insgesamt |
| **Rajas Euphorie / Leidenschaft** | selbst zubereitetes Futter mit Kräutern, die Schärfe reinbringen wie Ingwer sowie fettreiche Lebensmittel | • fördert Motivation<br>• bringt Schwung und Energie in den Körper<br>• fördert schnellere Gereiztheit<br>• ***Rajas ist in der Natur notwendig, um jagen und Beute töten zu können*** |
| **Tamas Passivität / Trägheit** | Fertigfutter oder zu lang gekochtes Futter (enthält keine keine Lebensenergie mehr) | • Fördert Unsicherheiten und Faulheit<br>• Versorgt den Körper nicht mit natürlichen Vitalstoffen und mit Lebensenergie |

Unsere Hunde müssen ihre Vitalität erhalten, stärken und von Zeit zu Zeit neu aufladen. Zum Beispiel in den anstrengenden Phasen des Fellwechsels oder bei Krankheit. Grundlage dafür ist immer abwechslungsreiches Futter mit verschiedenen natürlichen Nährstoffen.
Dennoch glaubt die westliche konventionelle Medizin, dass Hunde wenig bis keine Abwechslung beim Futter benötigen und ein Leben lang mit demselben Futter leben können. »Leben« im engeren Sinne sicherlich, aber gesund und auch lange leben nicht unbedingt. Chronische Krankheiten sind mittlerweile üblich und fast überall lässt

sich eine Verbindung zur Ernährung ziehen. Es ist für viele unserer Patienten erstaunlich, was allein die Umstellung auf natürliches Futter bewirken kann.

Durch eine vielfältige und natürliche Kost werden auch die verschiedenen Geschmacksrichtungen (Rasa) bedient, die einen direkten Einfluss auf die Doshas, die Körpergewebe und den Stoffwechsel haben.

## Die sechs Geschmackrichtungen des Ayurveda

### *Süß*

- Gut für Vata und Pitta
- Beispiele: vor allem Kohlenhydrate, süßes Gemüse wie Kürbis oder Möhre und süßes Obst wie Bananen
- Wärmt, baut auf und befeuchtet den Körper
- Verschleimt im Übermaß die Körpersäfte und die Schleimhäute
- Im Übermaß nicht geeignet für Kapha

### *Scharf*

- Gut für Kapha
- Beispiele: Gewürze wie Ingwer, Knoblauch, Sprossen
- Wärmt, trocknet, verteilt Nährstoffe und Energie im Körper
- Regt den Stoffwechsel an und baut Verschleimung ab
- Im Übermaß nicht geeignet für Vata und Pitta

### *Sauer*

- Gut für Vata
- Beispiele: saure Früchte wie Äpfel, Sauermilchprodukte wie selbstgemachter Kefir und Jogurt
- Regt den Appetit und den Stoffwechsel an
- Im Übermaß nicht geeignet für Pitta und Kapha

### *Salzig*

- Gut für Vata
- Beispiele: jede Art von Salz, Algen, Meeresfische, Brennnessel
- Im Ayurveda wird Steinsalz empfohlen, weil es alle Doshas ausgleicht
- Bindet Wasser, wirkt schwer, ölig und wärmend
- In Maßen verwendet hilft es, Ama auszuscheiden
- In zu hohen Mengen verdicket es das Blut, führt zu Haut- und Fellproblemen und Wassereinlagerungen
- Im Übermaß nicht geeignet für Pitta und Kapha

### *Herb (zusammenziehend / adstringierend)*

- Gut für Kapha und Pitta
- Beispiele: Kohl, Sellerie, Granatapfel, Sanddorn, Zimt, Ringelblume, Brennnessel
- Wirkt kühlend, trocknend und schwer
- Im Übermaß verwendet wirkt der herbe Geschmack austrocknend und verursacht Blähungen und Verstopfung
- Im Übermaß nicht geeignet für Vata

### *Bitter*

- Gut für Pitta und Kapha
- Beispiele: Blattgemüse und Salate wie Radicchio, Chicorée, Heilkräuter wie zum Beispiel Löwenzahn, Curcuma, Kümmel
- Wirkt trocken, kühl und leicht
- Lindert Sodbrennen, Juckreiz und Hautprobleme
- Der bittere Geschmack ist derjenige, der in der westlichen Ernährung weitgehend fehlt, weil Bitterstoffe aus den Gemüsesorten herausgezüchtet werden.

- Im Übermaß verwendet trocknet der bittere Geschmack die Gewebe aus, macht müde und zehrt aus
- Im Übermaß nicht geeignet für Vata

Je nach Konstitution kann man über die Auswahl der geeigneten Lebensmittel für das körperliche Gleichgewicht sorgen.

## Fütterungszeiten und Intervallfasten

Wir empfehlen, Hunde zwei bis maximal drei Mal pro Tag zu füttern. Um die höchste Verdauungsenergie zu nutzen, ist eine Fütterung mittags zu empfehlen. Abends sollte nicht mehr nach 20.00 Uhr gefüttert werden, da vor allem die Leber zum Abend in den Regenerationsmodus schaltet.

Über die Nacht und in den Tag hinein sollte der Hund etwa 16 Stunden keine Nahrung zu sich nehmen. In dieser Zeitspanne läuft ein Prozess im Körper ab, den man Autophagie nennt. Im Jahr 2016 bekam der Zellforscher Yoshinori Ohsumi den Medizin-Nobelpreis für die Entdeckung dieses Prozesses, der durch Fasten ausgelöst wird. Fasten ist nicht nur eine wichtige Ergänzung zur medizinischen Behandlung, sondern eine lebenswichtige Notwendigkeit. Was in den alternativen Heilmethoden schon lange aufgrund seines positiven gesundheitlichen Effektes bekannt ist, ist nun auch wissenschaftlich belegt.

Der Prozess der Autophagie ist ein Reinigungs- und Reparaturprozess, der durch Fasten von 14 bis 17 Stunden (im Mittel 16 Stunden) in Gang kommt. Stoffwechselendprodukte werden ab- und umgebaut und stehen als neuer Brennstoff für die Zellen zur Verfügung. Auch Krankheitserreger oder entartete Zelle werden unschädlich gemacht.

Ohne diesen Aufräumprozess würden sich Stoffwechselendprodukte und zellulärer Müll ablagern und irgendwann das reibungslose Funktionieren der Zelle behindern.

Erst ab einer Fastenzeit von 16 Stunden können zellschützende Enzyme, die Sirtuine, ihre Arbeit verrichten. Sie reparieren Schäden an der DNA, die durch ungesunde Ernährung, schädliche Umwelteinflüsse, psychische Belastungen und einen Mangel an Bewegung entstehen.

Der Körper schüttet vermehrt Serotonin aus, das Entspannungshormon. Deshalb wirkt Fasten stimmungsaufhellend und entspannend.

Die durch Fasten angeregte Regeneration des Körpers führt zur Verbesserung von Entzündungs- und Schmerzzuständen und darüber hinaus wird die Darmflora gestärkt. Aufgrund des Zuckermangels können außerdem Krebszellen ausgehungert werden.

Der Prozess der Autophagie wird auch durch eine Kalorienrestriktion (dauerhaftes, leichtes Kaloriendefizit bei ausgewogener Ernährung) und kräftige sportliche Betätigung ausgelöst.

In den 16 Fastenstunden dürfen keine Leckerlis gefüttert werden. Der Verdauungsvorgang wird angeworfen und die Autophagie unterbrochen.

### Fasten für Vata-Hunde

- Wirkt Stress entgegen und beruhigt.
- Eine längere Fastenzeit ist für Vata-Hunde nicht geeignet und sollte vor allem bei kaltem Wetter, emotionaler Aufregung und auf Reisen gemieden werden, weil Vata-Störungen hervorrufen werden können.
- Intervallfasten ist für Vata-Hunde die beste Form des Fastens. Es sollte morgens eine Futterration gegeben werden sowie die letzte Ration zum frühen Abend.

### Fasten für Pitta-Hunde

- Pitta-Hunde haben einen schnellen Stoffwechsel und immer Appetit. Fastentage sind oftmals schwierig umzusetzen.
- Ziel des Intervallfastens bei Pitta liegt im Entschlacken.
- Das Auslassen von Mahlzeiten kann Sodbrennen, Übelkeit und Heißhunger fördern, deshalb sollte regelmäßig gefüttert werden.
- Morgens sollte Futter gegeben werden sowie eine letzte Ration zum frühen Abend.

### Fasten für Kapha-Hunde

- Kapha-Hunde vertragen Fasten am besten und brauchen es, um angesammeltes Ama loszuwerden.
- Es können auch ganze Fastentage eingeplant werden.
- Die Mahlzeiten für das Intervallfasten sollten über den Tag zwischen 11.00 und 19.00 Uhr verteilt werden.

**Welpen, Jundhunde und trächtige Hündinnen sollten nicht fasten. Bei Erkrankungen bitte den Tierarzt oder Tierheilpraktiker zurate ziehen.**

## Ayurveda und das Mikrosystem des Körpers

Als Mikrobiota wird das Ökosystem des Verdauungstraktes bezeichnet, welches aus unterschiedlichen Mikroorganismen besteht.
Ohne diese Mikroorganismen würde ein Körper gar nicht bestehen können. Sie dienen als Schutz und helfen bei bestimmten Stoffwechselvorgängen. Das gesamte Ökosystem des Körpers wird Mikrobiom genannt.
Alle Gewebezellen des Körpers haben Partner, die sie bei bestimmten Stoffwechselvorgängen unterstützen, und das sind überwiegend Bakterien. Deshalb ist es so wichtig, dass diese gut gepflegt und genährt werden, damit sie gute Dienste leisten können.
Auch die Mikrobiota ist immer individuell. Sie wird durch die Mutter und einen natürlichen Geburtsvorgang an das neue Lebewesen weitergegeben und entwickelt sich entsprechend der Umstände (Umgebungsmillieu) weiter. Hier bahnt sich der Weg für eine starke und gut aufgebaute Mikrobiota. Entscheidend dafür ist wie immer eine gute Ernährung, im besten Fall sofort angepasst an das individuelle Prakriti (Grundkonstitution).
Frühzeitige Wurmkuren, Impfungen, minderwertiges Futter, sonstige chemische Substanzen, Stress und Umweltbelastungen wie auch schlechte Haltungsbedingungen können dieses System in ein Ungleichgewicht (Vikriti) bringen und der Organismus verliert seinen Schutz vor Parasiten und Krankheitserregern.

Häufig ist zu beobachten, dass gerade Welpen und Junghunde, die sich noch in einem Aufbau der Mikrobiota befinden, immer mehr mit Kokzidien und Giardien zu kämpfen haben.
Nach einer langen Odyssee an Behandlungen mit Wurmkuren und Antibiotika ist die Mikrobiota oft so lädiert, dass sich Futterunver-

träglichkeiten und Störungen im gesamten Verdauungstrakt zeigen. Einmal geschädigt, lässt sich die Mikrobiota nur langsam wieder in ein natürliches Gleichgewicht bringen. Vor allem dann, wenn ihr keine Zeit gelassen wurde, sich richtig aufzubauen.

## Ungleichgewicht der Bioenergien durch Ernährung

Vikriti ist eine Abweichung vom gesunden Zustand (Prakriti). Es entsteht durch ein körperliches Ungleichgewicht und zeigt sich durch Übersäuerung, vermehrtem Juckreiz oder Verdauungsstörungen wie beispielsweise Blähungen oder breiiger Kot. Das Ungleichgewicht kann sich aber auch nur auf mentaler Ebene zeigen wie durch vermehrte Unruhe oder starker Nervosität, die sich bis zu Panik-Attacken steigern kann.

So neigt ein Vata-Typ bei handelsüblichem Trockenfutter eher dazu, nervöser, widerspenstiger und hektischer zu werden, als er von Grund her schon ist. Dieser Zustand kann durch windiges, trockenes Wetter noch verstärkt werden. Vata reagiert durch sein sehr sensibles Nervensystem empfindlich auf Konservierungsstoffe.

Ein Pitta-Typ, welcher von Grund her eher impulsiv ist und sich jetzt aber wegen jeder Kleinigkeit aufregt, befindet sich im Pitta-Vikriti (überschießendes Pitta).
Diese Typen neigen immer Sommer eher zu einem Ungleichgewicht, da sie sehr hitzeempfindlich sind. Sie sind leicht mit der richtigen Nahrung und der entsprechenden Flüssigkeitszufuhr wieder ins Gleichgewicht zu bringen.
Ein Kapha-Typ kann durch zu kaltes Futter oder Dosenfutter mit zu viel Fett in ein körperliches wie mentales Vikriti kommen. Dieser

Typ wird noch ruhiger und schläfriger und hat unter Umständen dazu viel Speichelbildung. Seine Bewegungen können steif wirken. Er neigt dazu, vor allem in der dunklen, regnerischen Jahreszeit in ein Ungleichgewicht zu kommen.
Typgerechtes Futter und ausgiebige Spaziergänge sollten ihn wieder ins Gleichgewicht bringen.

## Grundlagen der natürlichen Hundefütterung

### *Die Grundkomponenten*

Der Hund als Karnivor benötigt Fleisch als wichtigen Bestandteil der naturnahen Fütterung.
Der tierische Anteil der Futterration sollte je nach Typ, Alter und Gesundheitszustand etwa zwei Drittel der Ration einnehmen. Es kann

möglich sein, dass ein geringerer Fleischanteil aufgrund der Konstitution des Hundes oder aufgrund von Erkrankungen oder genetischen Dispositionen anzuraten ist. Wichtig ist, dass der Eiweißbedarf des Hundes gedeckt wird.

Der tierische Anteil setzt sich zusammen aus Muskelfleisch (mit Fett), Innereien wie Leber, Nieren, Milz oder Herz. Weiterhin zählen dazu Pansen und Blättermagen sowie Knochen und Knorpel. Wir verwenden den Begriff Fleisch im weiteren Verlauf als Sammelbegriff für den tierischen Anteil der Futterration.

Tierische Fette sind der wichtigste Energielieferant für unsere Hunde bei der naturnahen Fütterung. Das Muskelfleisch darf ruhig zu einem Viertel aus Fett bestehen. Bei Muskelfleisch mit niedrigem Fettgehalt sollte Fett zugefügt werden wie zum Beispiel Rinderfett oder ein anderes tierisches Fett.
Bei Erkrankungen wie beispielsweise der Bauchspeicheldrüsenentzündung muss der Fettgehalt gering gehalten werden! Vorsicht ist auch bei Hunden mit Verdauungsproblemen und übergewichtigen Hunden geboten sowie bei einer Futterumstellung.
In Fett werden Schlacken (Ama) und andere belastende Stoffe vom Körper gespeichert, wenn sie nicht abgebaut werden können. Es ist auch sinnvoll, auf die Qualität der Futtertiere zu achten!
Wir arbeiten deshalb – und aus anderen Gründen – gern mit Ghee, dem flüssigen Gold des Ayurveda. Mehr dazu auf Seite 90.

Pflanzliche Lebensmittel nehmen dann das restliche Drittel der Futterration ein. Meistens besteht der Anteil aus Gemüse und einem kleinen Anteil Obst. Sie versorgen den Körper mit Vitaminen, Mineralstoffen, sekundären Pflanzenstoffen und vor allem Ballaststoffen, die den Kot

## Zubereitung von Gemüse im Dampfgarer

Dampfgaren ist eine jahrhundertealte Garmethode, bei der die Lebensmittel besonders nährstoffschonend zubereitet werden.

auflockern. Sie gleichen außerdem den Säure-Basenhaushalt aus und entlasten somit den Stoffwechsel.

Wir empfehlen, Gemüse zu dünsten oder in Dampf zu garen. Die harten Zellstrukturen von Gemüsesorten wie Möhre, alle Kohlsorten, Pastinake, Schwarzwurzel, Fenchel, Rote Bete werden aufgespalten, sodass der Körper die Vitalstoffe besser aufnehmen kann. Das in Dampf gegarte oder gedünstete Gemüse kommt dem vorverdauten Mageninhalt der Beutetiere außerdem am nächsten.

Wissenschaftler der Universität Parma aus Italien haben in einer Studie festgestellt, dass einige Gemüsesorten wie z.B. Möhren, Broccoli und Zucchini nach dem Dünsten und Kochen sogar einen höheren Vitamin-C-Gehalt aufwiesen und der Anteil an sekundären Pflanzenstoffen drei Mal höher war als zuvor.

Unsere jahrelange Erfahrung hat gezeigt, dass Hunde gedünstetes oder in Dampf gegartes Gemüse lieber fressen und besser vertragen. Blähungen werden minimiert oder verschwinden ganz. Gras- und Erdefressen lässt ebenso nach wie Aufstoßen und Schmatzen nach dem Fressen.

Obst, Salate und Kräuter können in frischer, pürierter Form gefüttert werden.
Selbst zubereitetes Gemüse ist von der Verträglichkeit und der Bioverfügbarkeit für den Körper nicht mit fertigem Gemüse aus der Dose oder Gemüseflocken zu vergleichen.

Getreide kann, muss aber nicht gefüttert werden. Der Hund kann Kohlenhydrate verwerten, aber er hat keinen physiologischen Bedarf. Er bezieht seine Energie aus Fett und zum Teil aus Eiweiß. Getreide kann aber schnelle Energie liefern, die Voraussetzung für die Fütterung ist aber die Verträglichkeit. Häufig zeigen Hunde Allergien und Unverträglichkeiten auf Getreideprodukte.
Die meisten Hunde kommen ohne Getreide in der Fütterung aus.

Weitere Komponenten sind Milchprodukte, Eier, Kräuter sowie Öle und Fette. Sie nehmen, wenn sie der Fütterung zugefügt werden, nur eine sehr kleine Menge der Rationen ein.

### Hinweise

- Roher Lachs und Lachsartige sind oft mit Rickettsien infiziert, die für den Hund gefährlich sind. Frischen Lachs, Forelle und andere Lachsartige sollten man einfrieren (bei -20° für 7 Tage) oder gut durchkochen.
- Meide rohes Schweinefleisch, da es den tödlichen Aujeszky-Virus enthalten kann.
- Meide Röhrenknochen, weil sie splittern können.
- Meide Kehlköpfe und Kopffleisch-Mixe. Es kann Schilddrüsengewebe enthalten sein, das eine Schilddrüsenüberfunktion provozieren kann.

## Die Futtermenge

Die Futtermenge berechnet sich nach Alter, Gewicht und Typ. Generell wird sie beim erwachsenen Hund mit zwei bis drei Prozent vom Körpergewicht angesetzt, bei kleinen Rassen gegebenenfalls vier Prozent. Hunde im Wachstum benötigen mehr Futter. Man rechnet je nach Lebenswoche und Rasse in der Regel mit vier bis sechs Prozent vom Körpergewicht als Gesamtfuttermenge pro Tag.

**Tagesfuttermenge (prozentual vom Körpergewicht):**

- ➲ Erwachsener Hund: 2 - 3 %
- ➲ Erwachsener Hund (kleine Rasse): 3 - 4 %
- ➲ Hunde im Wachstum (ab der 8. Lebenswoche): 5 - 6 %
- ➲ Hunde im Wachstum (ab dem 6./7. Lebensmonat): 3 - 4 %

*Beispiel: Ein zweijähriger, aktiver und schlanker Mischling mit einem Körpergewicht von zwanzig Kilogramm benötigt drei Prozent vom Körpergewicht als tägliche Futterration. Das sind 600 Gramm.*

## Aufteilung der Futtermenge

Bei der Aufteilung der Futtermenge können wir im Rahmen dieses Buches nur eine allgemeine Empfehlung geben! Das Futter sollte auf

**Faustregel für die Aufteilung der Futterration:**

**60 % Tierische Lebensmittel**
**40 % Pflanzliche Lebensmittel**
➲ *Das Verhältnis gilt für den erwachsenen Hund*

*und kann je nach Konstitution angepasst werden*
➲ *weitere prozentuale Aufteilung siehe Tabelle*

Deinen Hund, sein Alter, Gewicht und Allgemeinzustand zugeschnitten sein. Gerade im Wachstum empfehlen wir, für Deinen Hund einen Futterplan erstellen zu lassen. Wende Dich hierfür an einen erfahrenen Tierheilpraktiker, der sich mit der natürlichen Fütterung auskennt. Die Futterration von 600 g für den Mischlingshund kann sich zum Beispiel wie folgt aufteilen:

| **Tierische Lebensmittel** | **60 %** | **360 g** |
|---|---|---|
| **Muskelfeisch** | 50 % | 180 g |
| **Pansen oder Blättermagen** | 20 % | 70 g |
| **Innereien (optimal ⅓ Leber, ⅓ Nieren, ⅓ Herz)** | 15 % | 55 g |
| **Knochen/Knorpel** | 15 % | 55 g |
| **Pflanzliche Lebensmittel** | **40 %** | **240 g** |
| **Gemüse (optional Getreide/ Pseudogetreide)** | 80 % | 190 g (95 g + 95 g) |
| **Obst** | 20 % | 50 g |

Die Futterration wird entsprechend der Konstitution und des Gesundheitszustandes mit Ölen, Fetten und Kräutern ergänzt.

## Hinweise

Bei einem tierischen Anteil von 50 - 60 % wird der Rohproteinbedarf eines erwachsenen Hundes gedeckt. Oftmals kommen Leckerlis und andere Kauartikel hinzu, die das Protein, welches der Hund zu sich nimmt, nochmal erhöhen. Eine höhere Fleischmenge sollte überdacht werden. Es gibt gute Gründe, die eine bedarfsgerechte, aber nicht unnötig hohe Fleischmenge erfordern, wie beispielsweise:

- die Massentierhaltung der Schlachttiere

- die Belastung des Körpers durch zuviel Eiweiß, welches aufgrund einer zu geringen Auslastung unserer Haushunde nicht benötigt wird
- sowie die Belastung des Hundes über Giftstoffe im Fleisch/Fett

Hunde mit individuellen Leistungsanforderungen oder Trächtigkeit und Laktation erfordern einen besonderen Futterplan!

Der Anteil an Knochen und Knorpel hängt unter anderem davon ab, wieviel Calcium im Knochen bzw. Knorpelfleisch enthalten ist. So haben Hühnerhälse weniger Calcium als Rinderbrustbeinknochen. Dem entsprechend müssen mehr Hühnerhälse gefüttert werden im Vergleich zu Rinderbrustbeinknochen. Es ist wichtig, auf die richtige Knochen- und Knorpelmenge zu achten. Solltest Du unsicher sein, wende Dich bitte an einen ausgebildeten Ernährungsberater für Hunde.

## Fettmenge berechnen

Fett ist ein wichtiger Energielieferant für den Hund. Ist das Muskelfleisch zu mager (unter 15 - 20 % Fett), sollte Fett zugegeben werden. Optimal sind 20 - 25 % Fett im Muskelfleisch.

**Vereinfachtes Rechenbeispiel für einen Hund mit 2 kg Körpergewicht:**

| | |
|---|---|
| Deine Muskelfleischmenge pro Tag: | 360 g |
| ➲ ausgewiesener Rohfettgehalt: | 10 % |
| ➲ Zielfettgehalt im Muskelfleisch: | 25 % |

| | |
|---|---|
| In den 360 g sind 10 % Fett enthalten: | 36 g |
| Benötigt werden 25 % Fett (Ziel): | 90 g |
| Fettzugabe: | 54 g (90 g minus 36 g) |

Die Differenz wird dann von der angesetzten Muskelfleischmenge pro Tag abgezogen. Deine neue Fleischmenge inklusive Fettanteil pro Tag ist dann:
306 g Muskelfleisch + 54 g Fett (ergibt wieder 360 g)

Je nachdem, ob Dein Hund mehr oder weniger Fett braucht, kannst Du runden: **300 g Muskelfleisch + 60 g Fett = Dein Muskelfleischanteil mit optimalem Fettgehalt.**

**Es gibt mittlerweile auch Fettrechner im Internet oder Du wendest Dich an einen Ernährungsberater für Hunde.**

## Futterrationen vorbreiten

Wenn der Futterplan für einen Tag steht, kannst Du Dir die Wochenmengen ganz einfach ausrechnen, indem Du alles mal sieben nimmst. Natürlich kannst Du die Mengen auch auf noch mehr Tage hochrechnen.

Wichtig ist, dass Dein Hund alle Komponenten in einem Zeitraum von ein bis zwei Wochen angeboten bekommt. Es wäre auch möglich, diesen Zeitrahmen noch größer zu fassen (zum Beispiel auf einen Monat). Der Körper hat Speicherfunktionen. Es ist in Ordnung, wenn nicht jeden Tag auf das Gramm genau alles im Futter enthalten ist. Es geht um die Ausgewogenheit über einen gewissen Zeitraum. (Erkrankungen wie zum Beispiel Diabetes mellitus oder Nierenfunktionsstörungen werden hier selbstverständlich außen vor gelassen!)

Wir Menschen machen es nicht anders und auch in der Natur ist es nicht möglich, jeden Tag alles in abgewogener Menge zu sich zu nehmen. Bei keinen anderen Tieren als bei Hunden und Katzen wird uns suggeriert, dass es unmöglich sei, sein Tier ausgewogen zu ernähren. Natürlich muss man wissen, was das Tier braucht und in welcher Zusammensetzung. Aber es ist bei weitem nicht so kompliziert, wie es zum Teil dargestellt wird.

### Die Fütterung praktikabel für den Alltag gestalten

- Bereite Dir die Futtermengen für eine oder mehrere Wochen vor.

- In der Regel kauft man für den Hund gefrorenes Fleisch. Als praktisch erweisen sich Fleischstücke, die lose abgepackt sind und die Du dann noch im gefrorenem Zustand in gewünschter Zusammenstellung mischen kannst. Fleisch, Innereien, Pansen, Knorpelfleisch zusammen in eine große Schüssel geben und grob mischen.

- Diese Mischung kann dann aufgetaut auch in Dampf gegart oder gekocht werden. Nur Knochen dürfen nicht erhitzt werden, weil sie splittern können.

## Fleisch kochen, wann und warum?

- Bei Erkrankungen des Magen-Darms wie IBD, Gastritis oder Bauchspeicheldrüsenentzündung
- Eventuell bei Vata- und/oder Kapha-Konstitution Deines Hundes
- Alte Hunde mit einer schwächeren Verdauungsenergie
- Im Winter – die Kälte von außen sowie die Kälte vom Rohfleisch, das vorher meist auch noch eingefroren war, verstärken Beschwerden wie Arthrose, Magenbeschwerden oder Nervosität sowie die Erkältungsanfälligkeit

**Kochzeit für Fleisch:**
Gewolftes Fleisch 500-1000g/Topfinhalt: 5-10 Minuten
Fleisch-Würfel 500-1000g/Topf: 10-15 Minuten
Größere Fleischstücke 1000g/Topf: 15-30 Minuten

Du kannst Fleisch, Innereien, Pansen und Blättermagen kochen. Knochen dürfen nicht erhitzt werden und müssen dementsprechend ersetzt werden z.B. durch CalciumPro (siehe Seite 93).

- Bleibt das Fleisch roh, kannst Du die gewünschten Mengen gleich für die entsprechenden Tage zum Beispiel in Zipp-Beutel oder verschließbare Gefäße (optimalerweise aus Glas!) abpacken.

- Es kann auch gleich das Gemüse dazu! Gemüse und Obst am besten auch für mehrere Tage vorbereiten und mit dem Fleisch mischen.

- Bei den Futterergänzungen ist es in der Regel schonender, diese täglich frisch dazuzugeben.

## *Zubereitung und Lagerung von Fleisch*

- Tiefgefrorenes Fleisch sollte schonend und luftig ohne die Plastikverpackung, am besten in einer Keramikschale mit einem Teller als Deckel, aufgetaut werden. Unter Luftabschluss können sich schädliche Bakterien bilden.

- Auftauzeit im Kühlschrank: 1 Tag / Auftauzeit bei Raumtemperatur: über Nacht

- Vermeide das Auftauen in der Mikrowelle, da elektronmagnetische Wellen die Moleküle der Lebensmittel in Schwingung versetzen. Dadurch entsteht sehr viel Wärme, die das Fleisch garen lässt und die Nährstoffe verändert und zerstört.

- Aufgetautes Fleisch kann 1-2 Tage im Kühlschrank gelagert werden.

- Lagere rohes Fleisch nicht unverpackt direkt neben Lebensmitteln, die Du selbst verzehren möchtest. Eine Keramikschale mit einem Teller als Deckel im Kühlschrank lässt genug Luft an das Fleisch und sollte den nötigen Abstand sicherstellen.

### *Hygiene im Umgang mit rohem Fleisch*

- Alle Gegenstände, die mit rohem Fleisch in Berührung gekommen sind, müssen gründlich mit heißem Wasser gereinigt werden. Es empfiehlt sich, für den Hund separates Geschirr und Besteck sowie für die Reinigung getrennte Schwämme oder Lappen zu benutzen.

- Tauwasser vom Geflügel sollte immer weggeschüttet werden.

- Schneide rohes Fleisch und Knochen nicht auf Küchenbrettchen, die Du anschließend zum Schneiden von Gemüse, Obst, Brot oder Ähnlichem verwendest.

- Hände waschen, nachdem Du mit rohem Fleisch in Berührung gekommen bist.

## Hunde typgerecht füttern

### *Typgerechte Fütterung für Vata*

**Für welche Typen gelten die folgenden Empfehlungen:**

- Vata
- Vata-Pitta (zusammen mit den Empfehlungen für Pitta)
- Vata-Kapha (zusammen mit den Empfehlungen für Kapha)
- Hunde mit übermäßigem Vata (Vikriti) entgegen ihrer Grundkonstitution

Kühle und trockene Eigenschaften sind bei diesem Typ vorrangig. Für Hunde mit der Bioenergie Vata eignen sich deshalb Nahrungsmittel mit den Qualitäten wärmend, befeuchtend und fettreich. Nährendes und selbstgekochtes Futter mit entblähenden Kräutern und Ghee stärkt Vata-Hunde. Da diese Bioenergie von Natur aus keine gute

Verdauungsenergie (Agni) mitbringt, ist es wichtig, auf die Ernährung und auch auf ausreichende Vitalstoffversorgung zu achten. Die Ernährung sollte niemals künstlich oder mit chemischen Substanzen wie Konservierungs- oder Farbstoffen angereichert sein, da sich diese negativ auf das sensible Nervensystem auswirken können. Außerdem sollte die Nahrung leicht verdaulich und thermisch warm sein. Das heißt, Rohkost ist aufgrund der kalten Thermik und der schwereren Verdaulichkeit nicht geeignet.
Das Futter sollte niemals kalt sein. Du kannst warmes, abgekochtes Wasser über das Futter geben. Es ist generell gut, Vata-Hunden mehr Flüssigkeit zuzuführen, da dieser Typ zu allgemeiner Trockenheit neigt. Sie tendieren auch dazu, untergewichtig oder dünn zu sein und haben einen wechselhaften Appetit.

Hunde mit einem hohen Anteil dieser Bioenergie können meistens etwas mehr Fleisch bekommen als Hunde mit einem hohen Kapha-Anteil in ihrer Konstitution.
Besonders wichtig für die luftigen Vata-Typen sind gute Fette! Vor allem Ghee ist besonders wertvoll (s. S. 90).
Wärmende Gemüsesorten wie Möhren, Süßkartoffel, Pastinake und Kürbis sollten Salaten vorgezogen werden. Auch Milchprodukte können in die Fütterung einbezogen werden.

Vata-Hunde brauchen im Vergleich zu Pitta- und Kapha-Hunden am meisten Futter. Unter Umständen kann es sein, dass gekochtes Fleisch besser vertragen wird als Rohfleisch. Das musst Du ausprobieren. Halte Dich nicht an Dogmen fest! Wenn Dein Hund gekochtes Fleisch besser verträgt (das kann auch nur im Winter der Fall sein), dann kann er es auch bekommen.

Fleisch wird durch Kochen leichter verdaulich, was der schwächlichen Verdauungsenergie zu Gute kommt und bringt zusätzlich Wärme in den Körper.

**Besonders zu empfehlen sind diese Maßnahmen in der Vata-Zeit, also im Winter.**

| Typgerechte Lebensmittel für Vata | gut geeignet für Vata | eingeschränkt geeignet für Vata | ungeeignet für Vata |
|---|---|---|---|
| **Fleisch** | Fasan<br>Hirsch<br>Huhn<br>Lamm<br>Pferd<br>Reh<br>Rentier<br>Schaf<br>Strauß<br>Ziege | Ente<br>Gans<br>Kalb<br>Pute<br>Rind<br>Wildkaninchen | Kaninchen (gezüchtet) |
| **Fisch** | Hering<br>Makrele<br>Sardelle<br>Sardine<br>Scholle<br>Sprotte | Forelle<br>Lachs | |

**Alle Listen und Formulare zum Herunterladen und Ausdrucken findest Du auf www.hundebuchshop.com/Ayurveda-Download-vorlagen.htm oder hier**

| Typgerechte Lebensmittel für Vata | gut geeignet für Vata | eingeschränkt geeignet für Vata | ungeeignet für Vata |
|---|---|---|---|
| **Gemüse**<br>• *grundsätzlich besser gedünstet oder in Dampf gegart* | Blattgemüse (gedämpft)<br>Fenchel<br>Möhren<br>Kohlrabi<br>Kürbis<br>Pastinake<br>Rote Bete<br>Rüben<br>Süßkartoffeln<br>Zucchini<br>Topinambur | Gurke<br>Chicorée<br>Kartoffeln | Blattgemüse und Salate (roh)<br>Sprossen<br>Sellerie |
| **Obst**<br>• *grundsätzlich besser gedünstet oder in Dampf gegart* | Ananas<br>Aprikose<br>Brombeere<br>Hagebutte<br>Himbeeren<br>Honigmelone<br>Johannisbeere | Banane<br>Birne<br>Kirschen<br>Erdbeeren<br>Melone<br>Pfirsich | rohe Äpfel |
| **Getreide**<br>• *grundsätzlich gekocht* | Dinkel<br>Haferflocken<br>Quinoa<br>Reis | Amaranth<br>Buchweizen<br>Gerste<br>Hirse | Mais |

| Typgerechte Lebensmittel für Vata | gut geeignet für Vata | eingeschränkt geeignet für Vata | ungeeignet für Vata |
|---|---|---|---|
| **Milchprodukte**<br>• *grundsätzlich gut für Vata* | Butter<br>Buttermilch<br>Hüttenkäse<br>Kefir<br>Quark<br>Schafsjoghurt<br>Schafsmilch<br>Ziegenjoghurt<br>Ziegenmilch | Joghurt | |
| **Öle & Fette**<br>• *bitte Hinweise zu den Ölen auf Seite 92f. beachten* | Algenöl<br>Arganöl<br>Borretschöl<br>Ghee<br>Hanföl<br>Nachtkerzenöl | Kokosöl<br>Lachsöl | |

*Alle Listen und Formulare zum Herunterladen s. S.79*

## Typgerechte Fütterung für Pitta

**Für welche Typen gelten die folgenden Empfehlungen:**

- Pitta
- Vata-Pitta (zusammen mit den Empfehlungen für Vata)
- Pitta-Kapha (zusammen mit den Empfehlungen für Kapha)
- Hunde mit übermäßigem Pitta (Vikriti) entgegen ihrer Grundkonstitution
-

Man kann den Pitta-Typ als feurig beschreiben – heiße und trockene Eigenschaften dominieren ihn. Je stärker Pitta vertreten ist und nicht durch kühle und feuchte Eigenschaften von Vata oder Kapha ausgeglichen wird, desto mehr müssen diese Hunde durch die Ernährung innerlich gekühlt und befeuchtet werden.
Pitta hat von den Doshas das stärkste Verdauungsfeuer, welches besonders um die Mittagszeit kräftig lodert. Gerade deshalb sollten Hunde mit viel Pitta mittags eine Futterration bekommen.
Wenn Pitta-Hunde Hunger haben, werden sie schnell übellaunig und gereizt. Wir empfehlen deshalb, nicht weniger als zwei Mal täglich zu füttern.

Durch das kräftige Agni können diese Hunde auch Rohkost (optimalerweise in Form von grünen Smoothies aus Salaten, Obst und Kräutern) gut verdauen. Rohes Gemüse wirkt immer kühlend auf den Körper. Wir empfehlen, hartes Gemüse mit festen Zellstrukturen auch für Pitta zu dünsten, damit der Körper besser die Nährstoffe aufnehmen kann.

Eher zu vermeiden für Pitta-Hunde sind extrem viel Fett und Joghurt.

Für die Temperatur des Futters reicht Raumtemperatur aus. Auch das Wasser kann kühl, sollte aber nicht eiskalt sein. Frische Kräuter wie Pfefferminze, Fenchel, Kamille und Melisse eignen sich sehr gut als Futterbeigabe (als Teeaufguss oder Kraut) für diesen Konstitutionstyp.

**Besonders zu empfehlen sind diese Maßnahmen in der Pitta-Zeit, also im Sommer.**

| Typgerechte Lebensmittel für Pitta | gut geeignet für Pitta | eingeschränkt geeignet für Pitta | ungeeignet für Pitta |
|---|---|---|---|
| **Fleisch** | Ente<br>Gans<br>Kalb<br>Kaninchen<br>Pute<br>Rind | Fasan<br>Huhn<br>Pferd<br>Reh<br>Rentier<br>Strauß | Hirsch<br>Lamm<br>Schaf<br>Ziege |
| **Fisch** | Lachs<br>Forelle<br>Dorsch | | Hering<br>Makrele<br>Sardelle<br>Sardine<br>Scholle<br>Sprotte |

*Alle Listen und Formulare zum Herunterladen s. S.79*

| Typgerechte Lebensmittel für Pitta | gut geeignet für Pitta | eingeschränkt geeignet für Pitta | ungeeignet für Pitta |
|---|---|---|---|
| **Gemüse** | Blumenkohl<br>Brokkoli<br>Blattsalate<br>Chicorée<br>Gurke<br>Karotten<br>Kartoffeln<br>Kohlrabi<br>Mangold<br>Pastinake<br>Radicchio<br>Rote Bete<br>Rosenkohl<br>Rüben<br>Sellerie<br>Spinat<br>Topinambur<br>Zucchini | Fenchel<br>Kürbis<br>Rucola<br>Süßkartoffel | |

| **Typgerechte Lebensmittel für Pitta** | **gut geeignet für Pitta** | **eingeschränkt geeignet für Pitta** | **ungeeignet für Pitta** |
|---|---|---|---|
| **Obst** | Äpfel, süß<br>Aprikosen<br>Banane<br>Birne<br>Heidelbeere<br>Honigmelone<br>Mango<br>Pfirsich | Brombeere<br>Erdbeere<br>Himbeere | saures Obst wie:<br>Grapefruit<br>Ananas<br>Aprikose<br>saure Äpfel<br>Johannisbeere |
| **Getreide**<br>• *grundsätzlich gekocht* | Amaranth<br>Reis<br>Quinoa<br>Dinkel | Haferflocken<br>Hirse<br>Buchweizen | Mais |
| **Milchprodukte** | Quark<br>Hüttenkäse<br>Schafsmilch<br>Ziegenmilch | Butter<br>Magerquark<br>Molke | Joghurt |
| **Öle & Fette**<br>• *bitte Hinweise zu den Ölen auf Seite 92f. beachten* | Algenöl<br>Ghee<br>Kokosöl<br>Lachsöl | Arganöl<br>Borretschöl<br>Hanföl<br>Nachtkerzenöl | |

*Alle Listen und Formulare zum Herunterladen s. S.79*

## Typgerechte Fütterung für Kapha

**Für welche Typen gelten die folgenden Empfehlungen:**

- Kapha
- Vata-Kapha (zusammen mit den Empfehlungen für Vata)
- Pitta-Kapha (zusammen mit den Empfehlungen für Pitta)
- Hunde mit übermäßigem Kapha (Vikriti) entgegen ihrer Grundkonstitution

Kühle und feuchte Eigenschaften sind bei Kapha-Hunden vorrangig. Die Ernährung sollte diese Eigenschaften nicht verstärken, sondern ausgleichen. Für Hunde mit dieser Bioenergie eignen sich deshalb Nahrungsmittel mit den Qualitäten leicht, fettarm und warm.
Kapha-Hunde brauchen von allen Dosha-Typen am wenigsten Futter, fressen aber für ihr Leben gern. Ihre Verdauung ist langsam und das Agni brennt eher auf Sparflamme. Allerdings verarbeitet ihr Körper alles gründlich. Zu große Portionen überfordern den Körper, das Futter wird nicht optimal verdaut und lagert sich als Ama im Gewebe ab. Deshalb neigen sie dazu, schnell an Gewicht zuzunehmen. Das ist auch der Grund, warum mit der Fütterung von Ölen und Fetten maßvoll umgegangen werden sollte.

Rohes Gemüse ist nicht geeignet für Hunde mit dieser Bioenergie, weil es schwerer verdaulich ist und zudem eine kalte Energetik hat. Gemüse sollte dementsprechend gedünstet oder in Dampf gegart und anschließend püriert werden.

Milchprodukte sind für diese Hunde nur sehr eingeschränkt geeignet, da sie kühlen und befeuchten, der Kapha-Hund davon aber schon viel in sich trägt. Sie verstärken dann zusätzlich diese Eigenschaften.

Ebenso verhält es sich mit kaltem Wasser. Ideal ist abgekochtes, zimmerwarmes Wasser.
Brennnessel, Himbeer- und Brombeerblätter als pulverisierte Kräuter oder als Teeaufguss sind gut geeignet, um diese Konstitution auszugleichen.

Relativ magere Fleischsorten, gekochtes Gemüse und eine im Vergleich zu den anderen Doshas geringere Futtermenge sowie nicht zu große Mahlzeiten auf einmal gleichen diesen Typ aus.

**Besonders zu empfehlen sind diese Maßnahmen in der Kapha-Zeit zwischen Februar und Mai.**

| Typgerechte Lebensmittel für Kapha | gut geeignet für Kapha | eingeschränkt geeignet für Kapha | ungeeignet für Kapha |
|---|---|---|---|
| **Fleisch** | Fasan<br>Huhn<br>Pferd<br>Reh<br>Rentier<br>Strauß<br>Wildkaninchen | Gans<br>Hirsch<br>Kalb<br>Kaninchen (gezüchtet)<br>Pute<br>Rind<br>Ziege | Ente |

*Alle Listen und Formulare zum Herunterladen s. S.79*

| Typgerechte Lebensmittel für Kapha | gut geeignet für Kapha | eingeschränkt geeignet für Kapha | ungeeignet für Kapha |
|---|---|---|---|
| **Fisch** | Hering<br>Makrele<br>Sardelle<br>Sardine<br>Scholle<br>Sprotte | Forelle<br>Lachs | |
| **Gemüse**<br>• *grundsätzlich besser gedünstet oder in Dampf gegart* | Blumenkohl<br>Brokkoli<br>Chicorée<br>Endivien<br>Fenchel<br>Karotten<br>Kartoffeln<br>Löwenzahn<br>Mangold<br>Pastinake<br>Sellerie<br>Rote Bete<br>Rucola<br>Radicchio<br>Rosenkohl<br>Rüben | Blattsalat<br>Kohlrabi<br>Spinat | Gurke<br>Kürbis<br>Zucchini |

| Typgerechte Lebensmittel für Kapha | gut geeignet für Kapha | eingeschränkt geeignet für Kapha | ungeeignet für Kapha |
|---|---|---|---|
| **Obst**<br>• *mit möglichst geringem Wasseranteil und nicht zu süß* | Ananas<br>Äpfel<br>Birnen<br>Brombeere<br>Heidelbeere<br>Himbeere<br>Papaya | Erdbeere<br>Hagebutte<br>Mango | süßes Obst<br>Wassermelone |
| **Getreide**<br>• *ideal: kein Getreide, wenn dann gekocht* | | Buchweizen<br>Hirse<br>Gerste<br>Quinoa | Amaranth<br>Haferflocken<br>Reis |
| **Milchprodukte**<br>• *für Kapha weitgehend ungeeignet, weil sie süß und schwer wirken* | | Buttermilch<br>Magerquark<br>Ziegenmilch | Butter<br>Joghurt<br>Sahne |
| **Öle & Fette**<br>• *bitte Hinweise zu den Ölen auf Seite 92f. beachten* | | Arganöl<br>Borretschöl<br>Ghee<br>Hanföl<br>Lachsöl<br>Nachkerzenöl | Algenöl |

*Alle Listen und Formulare zum Herunterladen s. S.79*

## Giftige Lebensmittel für Hunde

- Auberginen
- Avocados
- Eicheln
- Gartenbohnen (roh)
- Gewürznelken
- Holunderbeeren (roh)
- Hülsenfrüchte (roh)
- Kaffee
- Kakao
- Kartoffeln (roh)
- Macadamia Nüsse
- Muskatnuss
- Bambussprossen (unreif)
- Paprika (grün und gelb)
- Quitte
- Tomaten (unreif)
- Walnüsse (unreif)
- Weintrauben/Rosinen
- Xylit (Süßstoff)

*Die Liste erhebt keinen Anspruch auf Vollständigkeit.*

## Die Futterration ergänzen

### Ghee – das flüssige Gold des Ayurveda

Die Ayurveda-Medizin denkt in anderen Kategorien als die westliche. Es wird angenommen, dass verschiedene Elemente dem Körper Funktion einhauchen. So sorgt das Element Feuer für die Umwandlung oder das Verbrennen von Nahrung. Es ist das Agni, welches wir schon kennengelernt haben. Ist das Agni aus dem Gleichgewicht geraten, kann der Organismus kein neues Gewebe aufbauen, auch fehlt ihm die Immunkraft, wodurch Krankheiten entstehen.

Ghee, die geklärte Butter, stärkt die Verdauung. Die heilende Wirkung des Ghees führt die Ayurveda-Medizin darauf zurück, dass es das Agni stabilisiert.

Ghee stärkt und belebt den Körper, macht ihn widerstandsfähiger gegen Krankheiten und wirkt dem Alterungsprozess der Zellen entgegen. Bei der Herstellung von Ghee werden der Butter das Wasser und die Proteine entzogen. Das allergieauslösende Kuhmilcheiweiß wird eliminiert.

Bei der Verdauung entstehen auch keine Stoffwechselrückstände wie bei anderer fetter Nahrung. Damit Vitamine schnellstmöglich zur Wirkung kommen, ist Ghee ein geeignetes Transportmittel für fettlösliche Wirkstoffe wie z.B. die Vitamine A, D, E und K.

Ghee enthält die wichtigen Omega-3 Fettsäuren, wenn die Butter von Kühen aus Weidehaltung stammt.

Ghee ist ein sattvisches Lebensmittel. Es harmonisiert alle Gewebe, hält die Gelenke geschmeidig, stärkt die Augen und unterstützt die Haut. Außerdem kann es zur Verbesserung der Gehirnfunktion beitragen und das Gedächtnis unterstützen.

Es ist auch als Fettquelle für die Hundefütterung gut geeignet.

| Dosierung: | Abhängig vom Fettanteil im Fleisch und der Konstitution!<br>Allgemein: ca. 1 Teelöffel für einen Hund von 15 kg / Tag |
|---|---|

## Öle

Öle liefern wichtige Fettsäuren, die der Körper zum Teil nicht selbst bilden kann – sie sind demnach essentiell. Die mehrfach ungesättigten Fettsäuren Omega-3 und Omega-6 sind hierbei von großer Bedeutung. Sie sollten immer in einem ausgewogenen Verhältnis stehen, da sie als Gegenspieler wirken. Durch die Fütterung von Fleisch mit Fett erhält der Hund ausreichend Omega-6-Fettsäuren. Deshalb ist es ratsam, Öle mit einem hohen Gehalt an Omega-3-Fettsäuren zuzufüttern.

Omega-3-Fettsäuren unterstützen die Herzfunktion und fördern die Durchblutung. Sie sind wichtig für eine gute Hirnfunktion und die Sehkraft, außerdem hemmen sie Entzündungsprozesse im Körper. Vor allem die langkettigen Varianten EPA und DHA sind gesundheitsförderlich. Die wertvollen Fettsäuren sind im fettreichen Meeresfisch wie Hering, Makrele, Lachs und Thunfisch zu finden und in den daraus gewonnenen Ölen. Bei der Auswahl der Fischöle solltest Du unbedingt darauf achten, dass eine Schadstoffprüfung vorliegt. Sehr viele Öle sind stark belastet und auch anderweitig qualitativ schlecht. EPA und DHA können auch aus Algen gewonnen werden.

Der Stoffwechsel der Hunde ist optimal für Verwertung tierischer Fette ausgelegt und nur begrenzt auf die Verstoffwechselung von pflanzlichen Ölen eingestellt. Bis heute ist nicht geklärt, ob Hunde pflanzliches Omega-3 überhaupt verstoffwechseln können. Durch hohe und ständige Gaben von pflanzlichen Ölen kann sich auf Dauer eine Leberbelastung bemerkbar machen. Pflanzliche Öle wie Leinöl sind zwar reich an Omega-3-Fettsäuren, aber in größeren Mengen eher ungeeignet. Gleiches betrifft die Öle mit einem hohen Gehalt an Omega-6-Fettsäuren wie Sonnenblumen-, Maiskeim- und Distelöl. Ausnahme ist das Kokosöl, welches leicht verdaulich ist und auch bei Hunden mit Verdauungsproblemen eingesetzt werden kann.

| | |
|---|---|
| Basis-Öle: | Lachsöl (geprüft), Kokosöl, Algenöl |
| Weitere Öle:<br>3-4x wöchentlich und je nach Fettsäurebedarf | Arganöl<br>Borretschöl<br>Hanföl<br>Nachtkerzenöl |
| Dosierung: | 0,3 g Öl pro kg Körpergewicht |

## CalciumPro

CalciumPro ist eine Mischung aus Algenkalk und Hirschhornmehl, die als Knochen- und Knorpelersatz bei der Fütterung mit selbst zusammengestellter Nahrung dient.

Knochen und Knorpel stellen einen Teil der natürlichen Fütterung von Hunden dar. Hierüber decken sie einen Teil ihres Mineralstoffbedarfs. Es kann Gründe geben, aus denen die Fütterung von Knochen oder Knorpel nicht möglich ist.

Zum Beispiel bei:

- Verdauungsbeschwerden wie Erbrechen und Durchfall
- Magen-Darmerkrankungen
- Bauchspeicheldrüsenentzündung
- Allergien / Unverträglichkeiten
- Aber auch, wenn der Hund alt wird und damit die Verdauungsenergie nachlässt

Manchen Hunden geht es mit weniger Knochen in der Futterration auch einfach besser – oft sind es die Hunde mit viel Vata und Kapha, deren Verdauungsfeuer nicht so stark ist wie das von Pitta.

Hier stellt CalciumPro die perfekte Ergänzung dar und komplettiert so den Ernährungsplan. Knochen wegzulassen und diese nicht zu ersetzen, steht außer Frage. Dadurch würde sich das Verhältnis von Calcium zu Phosphor verschieben und es würde über kurz oder lang zu Mangelerscheinungen kommen.

| Dosierung: | ½ Teelöffel (ca. 2,5 g) pro 10 kg Körpergewicht<br>Die genaue Fütterungsmenge CalciumPro pro Tag ist abhängig von der Futterzusammensetzung und dem Körpergewicht Deines Hundes! Bitte nutze die Berechnungstabelle, die Du auf unserer Homepage oder im Downloadbereich (s. S. 79) findest. |
|---|---|

***Bezugsquellen für CalciumPro findest Du im Anhang dieses Buches.***

## Flohsamenschalen

Flohsamenschalen sind die Samenschalen verschiedener Wegericharten, eine davon ist die Plantago Psyllium. Psyllium ist lateinisch und bedeutet »Floh«.

Das Besondere an Flohsamenschalen:

- Sie enthalten Quellstoffe/Ballaststoffe, die die Beweglichkeit des Darms und somit den Transport des Darminhalts fördern.
- Sie können das 50-fache an Wasser binden.
- Sie können krankmachende Stoffe aus dem Darm wie z. B. Viren, Würmer, Parasiten, Pilze und schädliche Bakterien entfernen.
- Sie weichen alte Ablagerungen im Darm auf und entfernen sie.
- Sie binden Gase im Darm und helfen somit gegen Blähungen.
- Sie fördern das Wachstum nützlicher Darmbakterien und dienen damit als Präbiotikum.

| Dosierung: | Sehr kleine Hunde bis 5 kg: 1 Messerspitze pro Tag<br>Kleine Hunde bis 10 kg: ¼ Teelöffel pro Tag<br>Mittelgroße Hunde bis 20 kg: ½ Teelöffel pro Tag<br>Hunde ab 20 kg: 1 Teelöffel pro Tag<br>Hunde ab 40 kg: 2 Teelöffel pro Tag |
|---|---|

## *Kräuter, Algen und Gewürze*

***Hinweis für Allergiker:***
***Die folgenden Kräuter, Algen und Gewürze sollten bei Allergikern mit Bedacht oder in Absprache mit einem Tierheilpraktiker erfolgen.***

### Aronia

Die Aroniabeere hat einen fünf Mal höheren Wert an OPC als Traubenkerne und liefert dem Organismus eine Vielzahl von sekundären Pflanzenstoffen, die großes Zellschutzpotenzial aufweisen. Sie ist von der Thermik her neutral bis erfrischend und vom Geschmack herb bis sauer.

| Wirkt ausgleichend für: | alle drei Doshas |
|---|---|
| Dosierung: | 1 - 2 Messerspitzen pro Tag über das Futter geben |

### Brennnessel

Die Brennnessel ist blutreinigend und entzündungshemmend. Sie stärkt das Immunsystem und fördert die Ausscheidung von Stoffwechselendprodukten (Ama). Die Brennnessel stärkt den Körper durch Vitamine, Mineralien und reichlich Eisen. Sie reduziert außerdem die Histaminausschüttung und kann damit positiv auf Allergien wirken. Es können sowohl die Blätter als auch die Wurzeln verwendet werden.

| Wirkt ausgleichend für: | Pitta, aber auch für Kapha und Vata. |
|---|---|
| Dosierung: | kleine Hunde täglich 1 TL pulverisiertes Trockenkraut<br>größere Hunde täglich 2 TL pulverisiertes Trockenkraut |

### Chlorella

Die Chlorella ist eine Meeresalge mit einem hohen Anteil an Chlorophyll (Blattgrün). Das Chlorophyll liefert eine optimale Nährstoffversorgung. Seine antioxidativen Eigenschaften können den Säure-Basenhaushalt ausgleichen und den Organismus vor freien Radikalen schützen, sodass Entzündungsprozesse unterbunden werden können.

| Wirkt ausgleichend für: | Vata |
|---|---|
| Dosierung | Kleine Hunde: ¼ Teelöffel pro Tag<br>Mittelgroße Hunde: ½ Teelöffel pro Tag<br>Große Hunde: 1-1,5 Esslöffel pro Tag |

### Curcuma

Curcuma, die indische Gelbwurz, wird in Indien seit Tausenden von Jahren als Heilmittel eingesetzt. Sie wirkt antibakteriell, reinigend, verdauungsanregend, schmerzstillend und gallensafttreibend. Curcuma ist ein starkes Antioxidans, das heißt, es schützt die Zellen vor Schäden durch freie Radikale. Damit wirkt sie auch dem Alterungsprozess entgegen.

Der in der Wurzel enthaltene Stoff Curcumin wird heute in konzentrierter Form unter anderem bei der Behandlung von Tumoren eingesetzt.

| Wirkt ausgleichend für: | alle drei Doshas, besonders intensiv bei überhöhtem Pitta und Kapha<br>Maßvoll bei Vata einsetzen, weil Curcuma trocknend wirkt. |
|---|---|
| Dosierung: | ca. 1 g Curkumagewürzpulver pro 5kg Körpergewicht |

### Hagebutte

Die Hagebutte ist viel mehr als ein Multi-Vitamin. Sie hat einen hohen Anteil an Vitamin C, welches das Immunsystem unterstützen kann. Auch ihr natürlicher Anteil an Lipiden kann die Knorpelstruktur stärken. Zudem wird ihr eine antientzündliche Wirkung nachgesagt, die sich sehr positiv vor allem auf den Bewegungsapparat auswirken kann.

## Curcuma-Paste

Du brauchst:
½ Tasse Curcuma Pulver
1 Tasse Wasser (man nimmt immer die doppelte Menge Wasser)
½ Teelöffel schwarzen gemahlenen Pfeffer
½ Teelöffel gemahlener Zimt
4 – 6 Teelöffel Ghee oder Kokosöl

Zubereitung:
Wasser und Curcuma Pulver in einem Topf mischen und für ca. 5 – 10 Minuten unter ständigem Rühren bei niedriger Hitze eindicken lassen. Etwas Wasser beigeben, falls die Konsistenz zu fest wird, die Paste sollte schön cremig, aber nicht fest sein. Topf vom Herd nehmen und das Kokosöl sowie die restlichen Gewürze einrühren. Das Kokosöl muss nicht flüssig sein, die restliche Hitze reicht aus, um es zu schmelzen. Sobald die Paste komplett ausgekühlt ist, in ein Glas füllen und im Kühlschrank aufbewahren. Die Paste hält sich luftdicht verschlossen zwei bis drei Wochen im Kühlschrank.

**Dosierung:**
je nach Größe des Hundes ½Teelöffel bis 1 Esslöffel pro Tag

**Wirkung:**
entzündungshemmend, verdauungsfördernd, aufbauend und kräftigend

*Für alle Doshas geeignet.*

| | |
|---|---|
| Wirkt ausgleichend für: | Vata und Kapha; für Pitta nur in Maßen zu empfehlen |
| Dosierung: | Kleine Hunde bis 5 kg: 1 Teelöffel pro Tag<br>Hunde bis 15 kg: 1 Esslöffel pro Tag<br>Hunde über 30 kg: 2 Esslöffel pro Tag |

### Hanfsamen

Hanf ist eine der ältesten Nutzpflanzen der Welt. Hanfsamen zeichnen sich durch eine einzigartige Zusammensetzung an lebensnotwendigen Vitalstoffen wie mehrfach ungesättigten Omega-Fettsäuren, sämtlichen essentiellen Aminosäuren, Mineralien, Vitaminen, Spurenelementen und Enzymen aus.

Hanfsamen wirken entzündungshemmend und stärken das Immunsystem. Sie sind stärkend und aufbauend und damit besonders gut für Vata geeignet.

| | |
|---|---|
| Wirkt ausgleichend für: | Vata |
| Dosierung: | Hunde bis 10 kg: 5 g pro Tag<br>Hunde bis 25 kg: 7,5 g pro Tag<br>Hunde ab 25 kg: 10 g pro Tag |

### Ingwer

Die Ingwerknolle leuchtet in schönem Gelb und strahlt ebenso hinsichtlich ihrer Wirkung. Ingwer stärkt das Immunsystem und regt den Stoffwechsel an. Er ist appetit- und verdauungsanregend und wirkt gegen Blähungen, Erbrechen und Übelkeit – typische Vata-Beschwerden.

Besondere Bedeutung haben die entzündungshemmenden Eigenschaften, sodass er bei Beschwerden des Bewegungsapparates oft zum Einsatz kommt. Klassisch sind hier die kalten Beschwerden der Vata-Typen zu nennen: die arthrotischen Veränderungen der Gelenke.
Ingwer ist auch schleimlösend und durch seine anregende Wirkung gut für Kapha geeignet.

| Wirkt ausgleichend für: | Kapha und Vata |
|---|---|
| Dosierung: | Ingwer als Gewürz (getrocknet/Pulver) 1 g pro 10 kg Körpergewicht.<br>Ingwer kann auch frisch gerieben unter das Futter gemischt werden. |

### Löwenzahn

Der Löwenzahn ist eine sehr anpassungsfähige und vitalstoffreiche Pflanze. Er löst Stauungsprozesse im Körper und vitalisiert den Körper. Auch auf seelisch-geistiger Ebene steht der Löwenzahn für Wandlung und Lebenskraft.
Seine Anwendung liegt im Bereich der Leber und Galle und deren Funktion – er regt sie an, fördert den Fluss der Verdauungssäfte und leitet Gifte aus. Er ist gut geeignet bei Allergien, Hauterkrankungen und Müdigkeitssymptomen.

| Wirkt ausgleichend für: | Pitta und Kapha |
|---|---|
| Dosierung: | Als Kraut: 1 g pro 5 kg Körpergewicht / Tag<br>Als Teeaufguss: ca. 100 ml pro 10 kg Körpergewicht |

## Moringa

In den Blättern von Moringa ist die höchste Konzentration von Nährstoffen und Antioxidantien enthalten, dies wurde bereits in der Antike sehr geschätzt. Diese Nährstoffen sorgen für eine normale Funktion von Augen, Immunsystem, Haut, Schleimhäuten und Fell. Moringa wird auch der Wunderbaum genannt. Das Magazin »EatSmarter« reihte es in seiner Ausgabe von 2014 in der Liste der hundert gesündesten Lebensmittel ein und schrieb, es sei gesünder als Obst und Gemüse. Sie nannten es den »Superstar des Powerfoods«.

| | |
|---|---|
| Wirkt ausgleichend für: | Kapha und Pitta |
| Dosierung: | Blattpulver: eine Prise bis zu 3 g |

## Stoffwechsel-Tee

Der Stoffwechsel-Tee aus Kreuzkümmel-, Koriander- und Fenchelsamen aus dem Buch »Wie neu geboren durch modernes Ayurveda« von Kulreet Chaudhary, einer Neurologin mit indischen Wurzeln, übernommen. Er verbessert die Nährstoffaufnahme und regt das Lymphsystem an.

Durch die Flüssigkeit werden Nährstoffe besser zu den Zellen transportiert und Ama kann besser abtransportiert werden.
Die Kräuter mit ihrer Heilwirkung stärken die Verdauungsenergie und Entzündungsprozesse im Körper werden gelindert. Der Stoffwechseltee wirkt auch entblähend.

| | |
|---|---|
| Wirkt ausgleichend für: | alle Doshas, vor allem Vata und Kapha |
| Dosierung: | ca. 100 ml pro 10 kg Körpergewicht pro Tag |

## Rezept für den Stoffwechsel-Tee

**2 Tassen Wasser erwärmen und folgende Zutaten zugeben:**

¼ TL Kreuzkümmelsamen
¼ TL Koriandersamen
¼ TL Fenchelsamen

Den Tee 5 bis 10 Minuten kochen lassen und dann abseihen. Der Tee kann vorgekocht werden, sollte aber immer lauwarm dem Futter zugefügt werden.

## Fundamentus - Das Vitalstoffwunder

Fundamentus verbindet Moringa, Chlorella, Hagebutte und Aronia zu einem sehr hochwertigen Kombinationspräparat, das für die Vitalisierung Deines Hundes eingesetzt werden. Es ist reich an Vitaminen, Mineralien, Spurenelementen, sekundären Pflanzenstoffen und Enzymen. Es enthält keine minderwertigen Füllstoffe, Konservierungsmittel oder andere synthetischen Stoffe und zeichnet sich deshalb durch eine hohe Bioverfügbarkeit aus. Neben der schonenden Verarbeitung wird schon bei der Auswahl der Pflanzen auf hochwertige, naturbelassene Rohstoffe ohne Pestizide oder chemische Düngemittel geachtet. Es ist deshalb auch für Allergiker besonders geeignet. Fundamentus erzielt mit einer minimalen Anzahl an Inhaltstoffen eine größtmögliche positive Wirkung auf den Organismus! Es ist für alle Doshas geeignet.

**Dosierung:**
Hunde von 1 bis 15 kg Körpergewicht: 1 g/Tag
Hunde ab 15 bis 35 kg Körpergewicht: 2 g/Tag
Hunde ab 35 kg Körpergewicht: 3 g/Tag

*Bezugsquelles für Fundamentus findest Du im Anhang dieses Buches.*

# Naturheilkunde bei Disharmonien der Doshas

Wir möchten Dir hier einige alternative Behandlungsmöglichkeiten vorschlagen, die man bei leichten Beschwerden eingeben kann.

**Achtung:**
Sollten sich die Beschwerden nicht innerhalb von 24 Stunden verbessern, suche einen Tierarzt auf. Sollte Dein Hund über 39,5°C Körpertemperatur haben oder andere schwere Symptome wie blasse Schleimhäute, blutiger Durchfall oder massive Schmerzen zeigen, fahre bitte umgehend zum Tierarzt oder in eine Tierklinik!

## *Was ist Homöopathie?*

Der deutsche Arzt Samuel Hahnemann entdeckte im Jahr 1796 die Homöopathie. Seine Grundannahme lautet: Ähnliches durch Ähnliches zu heilen. Das bedeutet, dass die Grundsubstanzen in einem unverdünnten Urzustand ähnliche Symptome hervorbringen wie die Krankheit, an der das Lebewesen leidet. Durch die Potenzierung (Verdünnung) entstehen die homöopathischen Arzneimittel. Mehrere Verdünnungsschritte erzeugen die sogenannten Potenzen. Wir empfehlen Dir nachfolgend die sogenannten Niedrigpotenzen wie die D6 oder D12. Höhere Potenzen solltest Du nicht ohne fachlichen Rat eines Tierheilpraktikers einsetzen.

## *Was sind Schüßler-Salze?*

Wilhelm Heinrich Schüßler war der Entdecker der 12 Mineralverbindungen, die im Körper vorkommen. Er bezeichnete sie als Funktionssalze. Schüßlers Erkenntnissen zufolge entstehen Krankheiten aus Missverhältnissen und Mangelerscheinungen von Mineralsalzen im

Körper. Durch die Gabe von Schüßler-Salzen sollen die Störungen des Mineralhaushaltes ausgeglichen und der Körper wieder in Balance gebracht werden.

Hinweis: Es können alle Schüßler-Salze, die unter den einzelnen Doshas aufgelistet sind, zusammen verabreicht werden. Wir empfehlen, die Mineralsalze in akuten Fällen in etwas lauwarmen Wasser aufzulösen und dem Hund direkt ins Maul zu verabreichen (zum Beispiel mit einer Einwegspritze). Selbstverständlich können die Empfehlungen auch alle mit dem Futter verabreicht werden.
Sollten die Beschwerden innerhalb von zwei bis drei Tagen nicht besser werden, gehe bitte zu einem Tierarzt oder Tierheilpraktiker Deines Vertrauens.

**Wichtig:** Bitte gib Deinem Hund nicht alle unten genannten Empfehlungen auf einmal. Entscheide Dich erstmal für eine Behandlungsform.

## Disharmonie in der Vata-Bioenergie

### Durch den Wind – wenn die Nerven blank liegen

Wenn die Vata-Energie überhandnimmt, zeigt sich das vor allem an nervösem Verhalten, zunehmender Unsicherheit und Ängstlichkeit. Es kann auch eine erhöhte Empfindlichkeit gegenüber Geräuschen und sogar Berührungen auftreten. Häufig wandert der Hund nachts umher und findet keine Ruhe.
Auf der körperlichen Ebene machen sich nervöse Magen-Darmbeschwerden bemerkbar, die sich in Form von Blähungen und/oder Bauchgeräuschen zeigen. Auch wechselhafter Stuhlgang von sehr hartem Kot bis hin zu Durchfall sind Anzeichen für eine erhöhte Vata-Energie. Zeigt sich die Überenergie auf der Haut, sind die Sym-

ptome trockene Haut oder Schleimhäute, die mit starkem Juckreiz einhergehen und das Nervenkostüm des Hundes überreizen. Auch sehr trockene und rissige Ballen und Krallen sowie knackende Gelenke sind ein Zeichen dafür, dass die Vata-Energie überhandgenommen hat. Weitere Symptome einer Vata-Störung sind arthrotische Veränderungen, Gewichtsverlust, hormonelle Störungen und trockener Reizhusten.

### *Homöopathie*

**Phosphorus D6** eignet sich besonders bei allen Reizungszuständen, die mit trockenen Schleimhäuten, aber auch nervösen Magen-Darmbeschwerden in Zusammenhang stehen. Phosphorus findet seinen Einsatz auch bei Überempfindlichkeit und Überreaktion auf äußere Reize.

Dosierung je nach Größe des Hundes, bis Besserung eintritt:

Kleiner Hund: 3x täglich 3 Globuli
Mittelgroßer Hund: 3x täglich 5 Globuli
Großer Hund: 3x täglich 8 Globuli

### *Schüßler-Salze*

**Nr. 5 Kalium phosphoricum D12** ist ein hervorragendes Mineralsalz bei Ängstlichkeit, einem schwachen Nervenkostüm, mentaler aber auch körperlicher Überforderung, vermehrtem Haarausfall sowie Blähungen.
Es ist das Mineralsalz, welches die stärkste Verbindung zum zentralen und vegetativen Nervensystem hat.

**Nr. 8 Natrium chloratum D12** ist das Hauptmittel bei trockenen Schleim- und Bindehäuten sowie bei trockener, juckender Haut.
Erste Hilfe kann es vor allem bei allergischen Reaktionen der Bindehäute durch Pollen bringen.
Es unterstützt auch bei geschädigtem Knorpelgewebe und geschädigten Sehnen und Bändern. Die Anwendung sollte dann allerdings ein halbes Jahr und mehr betragen. Sprich die langfristige Anwendung bitte mit Deinem Tierarzt oder Tierheilpraktiker ab!

Dosierung je nach Größe des Hundes, bis Besserung eintritt:

Kleiner Hund: 3x täglich 1 Tablette
Mittelgroßer Hund: 3x täglich 2 Tabletten
Großer Hund: 3x täglich 3 Tabletten

### *Vata-Konstitutionsglobuli von Ayurveda Rhyner®*

Die Energieglobulis gleichen einen zu hohen Anteil an Äther und Wind aus. Sie wirken wärmend und erdend und besänftigen damit die Überenergie von Vata.

Dosierung je nach Größe des Hundes, bis Besserung eintritt:

Kleiner Hund: 3x täglich 3 Globuli
Mittelgroßer Hund: 3x täglich 5 Globuli
Großer Hund: 3x täglich 8 Globuli

### *Huminsäuren*

Huminsäuren entstehen durch den Abbau ursprünglicher Pflanzenstoffe. Sie haben einen besonderen Einfluss auf die Darmwände, Darmzellen und auf die Schleimhäute. Sie bilden an den Schleimhäuten des Verdauungstraktes eine Schutzschicht, sodass zum Beispiel Durchfall und Erbrechen rasch abklingen können. Zusätzlich besitzen sie die Fähigkeit, verschiedene Zelltoxine, Mykotoxine sowie toxische Schwermetalle an sich zu binden. Diese werden dann problemlos über den Darm abtransportiert, ohne dass sie dadurch in die Blutbahn gelangen. Sie fördern die Verdauung und stärken die körpereigene Abwehr im Darm.

Dosierung je nach Größe des Hundes, bis Besserung eintritt:

Kleiner Hund: ½ Teelöffel
Mittelgroßer Hund: 1 Teelöffel
Großer Hund: 2 Teelöffel

### *B-Vitamine*

B-Vitamine haben ein großes Wirkspektrum im Organismus. Sie sind an zahlreichen Stoffwechselvorgängen beteiligt und haben einen großen Einfluss auf das Nerven- und Immunsystem. Ein erhöhter Bedarf an B-Vitaminen zeigt sich durch schnelle Erschöpfung, Konzentrationsschwäche, schneller oder übermäßiger Erregbarkeit sowie einer Immunschwäche.

| Dosierung je nach Größe des Hundes, um den Organismus mit B-Vitaminen aufzufüllen: |
| --- |
| Kleiner Hund: 1x täglich ¼ Tablette 1 bis 2 Wochen<br>Mittelgroßer Hund: 1x täglich ½ Tablette 1 bis 2 Wochen<br>Großer Hund: 1x täglich 1 Tablette 1 bis 2 Wochen |

➲ **Wir empfehlen: Vitamin B-Loges komplett von der Firma Loges und Vitamin B Komplex Forte von der Firma Sunday Natural Products.**

### *Melissa officinalis (Zitronenmelisse)*

Melissa officinalis Urtinktur findet ihre Anwendung in nervösen Magen-Darm-Beschwerden sowie allgemeiner innerlicher Unruhe bis Rastlosigkeit. Wir empfehlen, die Tropfen mit etwas Wasser zu verdünnen und dann dem Hund direkt ins Maul zu verabreichen.

| Dosierung je nach Größe des Hundes, bis Besserung eintritt: |
| --- |
| Kleiner Hund: 1 bis 2 x täglich 1 Tropfen<br>Mittelgroßer Hund: 1 bis 2 x täglich 2 Tropfen<br>Großer Hund: 1 bis 2 x täglich 3 Tropfen |

## Disharmonie in der Pitta-Bioenergie

### ☙ Wenn der Vulkan Feuer speit ❧

Wenn das Feuer von Pitta überhandnimmt, dann brodelt es in Deinem Hund. Ein Zuviel an Pitta zeigt sich an Hitzesymptomen. Diese können sich als Reizungs- oder Entzündungszustand auf der Haut, im Verdauungstrakt oder als akute Infektion wiederspiegeln.

Magenbeschwerden beispielsweise durch Stress oder falsche Fütterung sowie Reizungs- und Entzündungsprozesse im Körper drücken eine erhöhte Pitta-Energie aus. Ebenso wie Magenübersäuerung und Erbrechen aufgrund von Überfressen oder durch Nahrungsunverträglichkeiten. Ein weiteres Anzeichen für eine erhöhte Pitta-Energie

zeigt sich in nässenden Hautausschlägen, stark geröteten Bindehäuten sowie in starkem Körpergeruch. Die Überenergie von Pitta kann sich auch im Verhalten wie in schneller Gereiztheit, Aggression und einer allgemein »kurzen Zündschnur« äußern.

### *Homöopathie*

**Nux vomica D6** bei Übelkeit, Erbrechen oder Durchfall

Dosierung je nach Größe des Hundes, bis Besserung eintritt:

Kleiner Hund: 3x täglich 3 Globuli
Mittelgroßer Hund: 3x täglich 5 Globuli
Großer Hund: 3x täglich 8 Globuli

### *Schüßler-Salze*

**Nr. 3 Ferrum phosphoricum D12** bei akuten Entzündungen und zur Stärkung des Immunsystems

**Nr. 7 Magnesium phosphoricum D6** bei Krämpfen im Bereich des Verdauungstraktes sowie bei muskulärer Anspannung z.B. bei oder nach dem Hundesport oder hoher mentaler Anspannung

Dosierung je nach Größe des Hundes, bis Besserung eintritt:

Kleiner Hund: 3x täglich 1 Tablette
Mittelgroßer Hund: 3x täglich 2 Tabletten
Großer Hund: 3x täglich 3 Tabletten

### *Pitta-Konstitutionsglobuli von Ayurveda Rhyner®*

Diese energetisch hergestellten Globuli wirken kühlend, ausgleichend und besänftigend bei zu viel Feuer (Hitzesymptomen). Unterstützend helfen sie bei Reizungs- und Entzündungsprozessen sowie Beschwerden des Verdauungsapparates.

Dosierung je nach Größe des Hundes, bis Besserung eintritt:

Kleiner Hund: 3x täglich 3 Globuli
Mittelgroßer Hund: 3x täglich 5 Globuli
Großer Hund: 3x täglich 8 Globuli

### *Aloe Vera aus kontrolliertem Anbau*

Der Saft der Aloe Vera Pflanze wird bei Magen-Darmbeschwerden und zur Regulierung der Darmflora eingesetzt. Innerlich wie äußerlich hat er sich als entzündungshemmend erwiesen. Äußerlich kann er bei allen Hitzesymptomen wie bei Ekzemen, Hautauschlägen und Insektenstichen aufgetragen werden. Auch bei schlecht heilenden Wunden oder Vaginalpilzen hat er sich als sehr bewährtes Mittel gezeigt.

Dosierung je nach Größe des Hundes, bis Besserung eintritt:

Kleiner Hund: 2x täglich ½ bis 1 Teelöffel
Mittelgroßer Hund: 2x täglich 2 Teelöffel
Großer Hund: 2x täglich 1 Esslöffel

Äußerliche Anwendung: mehrmals täglich auf die betroffenen Stellen auftragen.

### *MSM (Methylsufonylmethan)*

MSM ist eine natürliche Schwefelsäure, die in jeder Zelle des Körpers vorkommt. Durch chronische Erkrankungen, Fertigfutter und vermehrte Stressbelastung kann es jedoch vorkommen, dass es der Zelle an biologischem Schwefel mangelt. Eine Mangelversorgung kann zu einer ungenügenden Funktion der Zellen, der Gewebe und am Ende jedes Organs führen. In England gibt es bereits über 40 Studien der letzten 20 Jahre. Auch Forschungen an Patienten mit verschiedensten Erkrankungen wurden mit sehr gutem Erfolg verzeichnet. Erfolge der Symptome wie chronische Schmerzen, Muskelzerrungen, Schleimbeutel- und Sehnenentzündungen, Allergien, atopische Dermatitis wurden durchschnittlich bis zu 70 % gelindert oder sind sogar vollkommen verschwunden. Eine Linderung bei chronischen Schmerzen sowie allergischen Reaktionen konnte bereits mit einer Dosierung von 250 bis 750 mg erzielt werden. Nebenwirkungen traten selbst bei einer Dosierung bis zu 9000 mg pro Tag nicht auf.

Dosierung je nach Größe des Hundes, bis Besserung eintritt:

Kleiner Hund: 2x täglich ½ Kapsel
Mittelgroßer Hund: 2x täglich 1 Kapsel
Großer Hund: 3x täglich 1 Kapsel

### Heilerde

Heilerde kann bei allen Beschwerden im Bereich Magen-Darm angewandt werden. Dazu gehören zum Beispiel allgemeine Verdauungsstörungen und Sodbrennen. Sie bindet überschüssige Gallensäure sowie Stoffwechselprodukte gewisser Darmbakterien, ohne die Darmflora zu schädigen.

Dosierung je nach Größe des Hundes, bis Besserung eintritt:

Kleiner Hund: 2x täglich ½ bis 1 Kapsel
Mittelgroßer Hund: 2x täglich 2 Kapsel
Großer Hund: 2x täglich 3 Kapsel

## Disharmonie in der Kapha-Bioenergie

### ☙ Wenn sich Lethargie und Energielosigkeit breitmachen ❧

Wenn die Kapha-Energie überhandnimmt, zeigt sich diese in großer Erschöpfung und schneller Ermüdbarkeit. Der Hund ist schwerfälliger, schläft noch mehr als sonst und kommt kaum in Schwung.
Auch eine hohe Infektanfälligkeit, Gelenkschmerzen oder Schwellungen sind typische Kapha-Symptome.
Ein weiteres Anzeichen kann schleimig-breiiger Kotabsatz sein sowie fettige Haut mit Juckreiz. Auch Übelkeit, die sich durch starken Speichelfluss bemerkbar macht, ist ein Zeichen für ein erhöhtes Kapha-Dosha.

### *Homöopathie*

**Calcium carbonicum D6** bei Kraftlosigkeit und Erschöpfung, Gelenksbeschwerden, Durchfall, Blähungen sowie bei schorfigen Hautausschlägen.

**Dulcamara D6** Beschwerden werden durch Durchnässung hervorgerufen. Betroffen sind Verdauungsapparat, Haut, Drüsen und die Lungen. Besonders hilfreich ist Dulcamara bei Erkältungsbeschwerden und durch Zugluft entstandene Bindehautentzündung. Dulcamara wird auch eingesetzt bei Blasenentzündung, die durch Sitzen auf kaltem Boden entstanden ist.

Dosierung je nach Größe des Hundes, bis Besserung eintritt:

Kleiner Hund: 3x täglich 3 Globuli
Mittelgroßer Hund: 3x täglich 5 Globuli
Großer Hund: 3x täglich 8 Globuli

### *Schüßler-Salze*

**Nr. 10 Natrium sulfuricum D12** unterstützt die Tätigkeit von Darm, Leber- und Bauchspeicheldrüse, Nieren und Blase. Es ist sehr hilfreich bei Gelenkbeschwerden, die bei feuchter Witterung auftreten sowie bei Erkältungsbeschwerden mit gelb-grünem Schleim.

Dosierung je nach Größe des Hundes, bis Besserung eintritt:

Kleiner Hund: 3x täglich 1 Tablette
Mittelgroßer Hund: 3x täglich 2 Tabletten
Großer Hund: 3x täglich 3 Tabletten

### Kapha-Konstitutionsglobuli von Ayurveda Rhyner®

Diese Energieglobuli bringen den Ausgleich bei zu viel Erd- und Wasserenergie. Sie aktivieren das gesamte Energiesystem und können zu mehr Elan und Lebenslust führen.

Dosierung je nach Größe des Hundes, bis Besserung eintritt:

Kleiner Hund: 3x täglich 3 Globuli
Mittelgroßer Hund: 3x täglich 5 Globuli
Großer Hund: 3x täglich 8 Globuli

### Roter Ginseng aus kontrolliertem Anbau

Roter Ginseng hat eine stärkende, energiefördernde und vitalisierende Wirkung. Er unterstützt das Herz-Kreislauf-System, wirkt Müdigkeit und depressiven Verstimmungen entgegen und stärkt die Abwehrkräfte.

Dosierung je nach Größe des Hundes, bis Besserung eintritt:

Kleiner Hund: 1x täglich ½ Kapsel
Mittelgroßer Hund: 1x täglich 1 Kapsel
Großer Hund: 2x täglich 1 Kapsel

### Ziegenkolostrum

Kolostrum ist die erste Muttermilch und wird für den Immunschutz benötigt. Sie liefert dem Körper sämtliche Nährstoffe. Sie hat eine aufbauende, immunstärkende Wirkung und hat sich auch als begleitende Allergietherapie bewährt.

Dosierung je nach Größe des Hundes, bis Besserung eintritt:

Kleiner Hund: ½ Teelöffel
Mittelgroßer Hund: 1 Teelöffel
Großer Hund: 2 Teelöffel

### Hinweis

Bitte achte darauf, dass das Ziegenkolostrum aus überschüssigem Kolostrum gewonnen wird. So wird sichergestellt, dass das junge Neugeborene genug Kolostrum erhält, um den Immunschutz aufzubauen.

Es sollte aus einer Herstellung stammen, die den Hinweis geben, dass es schonend getrocknet (sprühgetrocknet) wurde. Nur so ist garantiert, dass die wertvollen Vitalstoffe nicht zerstört sind.

# Praktische Beispiele

Wir stellen Dir hier unsere Hunde vor und beschreiben, wie wir die Bereiche Ernährung, Bewegung und Prävention gestalten. Wir möchten Dir damit helfen, sicherer mit den Grundgedanken der Ayurveda und dem Einschätzen Deines Hundes zu werden.

## Eloi

Pitta-Vata

Bioenergie: Pitta-Vata
Australian Cattledog – Männlich, kastriert
Geboren: September 2014 – Gewicht: 22 kg

Eloi ist ein temperamentvoller, energiegeladener, sehr impulsiver Hund (Pitta), der alles liebt, was mit Schnelligkeit zu tun hat (Vata). Er hat an allem Spaß, egal ob Tricks, Mantrailing, Rally Obedience, Nasenarbeit mit Geruchsunterscheidung – Hauptsache, wir machen was zusammen. Mit fremden Hunden möchte er keinen Kontakt. Das äußert sich in aufbrausendem Verhalten dem anderen Hund gegenüber (überschießendes Pitta). Hunde, die er kennt, sind kein Problem. Seine Hundefreunde werden gegenüber fremden Hunden gut verteidigt und auch sonst mag er keine Streitigkeiten unter diesen. Dann kann man dem Streithahn auch schon mal einen Zwicker verpassen. Grundsätzlich müssen sich die Hunde in der Gruppe gut benehmen. Das bedeutet, alle müssen eine ruhige Energie an den Tag legen. Wildes Rumtollen oder Rennspiele sind in seinen Augen anscheinend Energieverschwendung und werden sofort mit einem Zwicker/Stupser beendet (Pitta – sehr durchsetzungsstark). Er liebt die Freiheit über alles (Vata) und bekommt schon bei einem verschlossenen Kindergitter nach einigen Minuten die Krise. Das wird dann auch lautstark geäußert (Pitta). Er hat auch einen extrem starken Willen (Pitta). Was er im Kopf hat, wird zumindest versucht, durchzusetzen (Pitta). Allerdings muss er da noch an mir vorbei. Er braucht sehr klare Grenzen, allerdings auch viel Lob und Geduld.

Körperlich ist er für einen Cattledog sehr sportlich (Pitta). Im Allgemeinen zeigt er eine sehr gute Stress-Resilienz (Pitta). Ich kann mit ihm überall hingehen, er zeigt vor nichts Angst. Mit seinen Menschen ist er sehr liebevoll und sehr anhänglich. Fremden gegenüber ist er draußen eher ignorant.

Sein Abwehrsystem ist sehr gut (Kapha), ebenso wie seine Verdauung (Pitta). Allerdings neigt er durch sein oft überschießendes Pitta zu Verspannungen im Rücken.

Wenn es ums Spazierengehen geht, dreht er allerdings ziemlich auf (überschießendes Vata), was sich in ungeduldigem Bellen oder Jaultönen (überschießendes Vata) zeigt. Er hat eine sehr schnelle Auffassungsgabe (Vata), arbeitet extrem gerne und mit viel Elan (Pitta).
Allerdings kann es passieren, dass er zum Beispiel Tricks abspult, die gar nicht abgefragt wurden, weil er so unglaublich schnell ist und sich dabei verzettelt (überschießendes Vata).
Auch zieht und zerrt er immer noch gerne an der Leine. Er weiß, dass er gesittet an der Leine laufen soll, was sich gerade am Anfang unseres Spazierganges oft schwierig gestaltet (überschießendes Vata).
Zuhause ist er sehr ruhig und entspannt (Kapha), aber immer ein guter Wächter (Pitta).
Klingelt es an der Tür oder es kommt Besuch, kann der erste Kontakt schon mal überschießende Reaktionen (Pitta) zeigen, denn nicht jeder Besucher ist auch erwünscht (überschießende Pitta).
Mein Auto und unser Grundstück sind allerdings bestens vor Fremden geschützt (Pitta, ein guter Bodyguard).
Außerdem ist er der verfressenste Hund, den ich kenne (Pitta). Für Essen macht er wirklich alles, und sobald irgendwas mit Futter in Verbindung steht, wird er ganz hektisch (überschießendes Vata) und steht sabbernd vor mir (überschießendes Kapha).
Stress bekommt er, wenn irgendetwas mit seinem Körper nicht stimmt, z. B. eine abgebrochene Kralle, – dann wird er etwas panisch, weil er damit nicht umgehen kann (überschießendes Vata).

### Ernährung

Eloi wird morgens um 10.00 Uhr und abends um 18.00 Uhr gefüttert. Damit sein Organismus sich dauerhaft regenerieren kann, füttere ich nach den Zeiten des Intervallfastens.
Er bekommt 50 % Fleisch und 50 % Gemüse nach seiner Konstitution (also hauptsächlich Pitta) in einem Schnellkochtopf zubereitet.

Zum Kauen bekommt er circa alle 14 Tage einen Gelenkknochen, um sich die Zähne zu reinigen. Nach dem Spaziergang bekommt er dann und wann auch mal ein getrocknetes Stück Kopfhaut oder getrockneten Pansen.
Sein Futter wird immer mit etwas warmen Wasser angereichert.
Ergänzend zu seinem Futter bekommt er täglich 4g CalciumPro und 2g Fundamentus.
Zusätzlich füttere ich täglich einen gehäuften Teelöffel Ghee und alle zwei Tage 1 Teelöffel Flohsamenschalen.
Einmal in der Woche bekommt er als Fleischersatz Makrelen oder Sardinenfilet im eigenen Saft sowie ein Mal in der Woche Hüttenkäse.
Im Winter gebe ich unter den Hüttenkäse noch zwei bis drei Esslöffel Haferflocken, die ich vorher im warmen Wasser aufquellen lasse.
Als Kur im Winter gebe ich Omega3 Plus Kps. von Loges sowie in den kalten Wintermonaten alle paar Tage nochmals einen gehäuften Teelöffel Kokosfett.
Im Fellwechsel gibt es meistens über drei bis vier Wochen LaVita und im Winter an den feucht-kalten Tagen auch schon mal Ziegenkolostrum.

### *Bewegung*

Wir gehen zwei Mal am Tag spazieren, morgens circa ein bis zwei Stunden und abends nochmals eine halbe bis dreiviertel Stunde. Für Pippi zwischendrin geht er in den Garten.
Auf unseren Spaziergängen machen wir je nach Lust und Laune Nasenarbeit, Waldmobility oder Tricks. Alle 14 Tage gehen wir zum Mantrailing.

### *Prävention*

Regelmäßige craniosacrale Behandlungen, damit Verklebungen der faszialen Strukturen sowie eventuelle Wirbelblockaden sich lösen sowie Neuraltherapie, um die Muskeln zu entspannen.

## Honey

Bioenergie: Pitta-Kapha
Australian Cattledog – Weiblich, kastriert
Geboren: Oktober 2012 – Gewicht: 19 kg

Honey ist eine temperamentvolle, energiegeladene, sehr kontrollhafte Hündin (Pitta). Sie ist auch diejenige bei uns zuhause, die oft übertreibt, indem sie die Treppe blockiert, sodass kein anderer Hund vorbeikommt oder auch Einkaufstaschen sofort bewacht (Pitta). Sie ist sehr eifersüchtig (Pitta), vor allem auf Eloi, was schonmal zu dem ein oder anderen Streit führen kann (überschießendes Pitta). Sie hat mit anderen Hunden kein Problem und geht ihnen in der Regel aus dem Weg. Sie ist eine sehr intelligente Hündin mit einer guten Auffassungsgabe (Pitta), allerdings braucht sie etwas mehr Zeit in der Umsetzung (Kapha). Sie ist sehr bewegungsfreudig, aber eher der Sprintertyp (Vata). Sie ist sehr zurückhaltend und vorsichtig (Kapha)

Menschen gegenüber und kann bei unbekannten Besuchern schon mal mit hysterischem Bellen reagieren (überschießendes Vata). Sie ist trotz ihres Dickkopfes (Pitta-Kapha) ein sehr sensibler und unsicherer Hund (Vata). Ihr Selbstbewusstsein schwankt je nach Tagesform von mal sehr unsicher zu wieder sehr selbstbewusst und ohne jeden Zweifel (Vata-Kapha). Sie ist schnell gestresst, wenn sie zu viele Eindrücke von Menschen und/oder Hunden hat (Vata).

Sie besitzt sehr dichtes, weiches Fell (Kapha) und ist gut bemuskelt. Ihre Proportionen sind sportlich bis leicht kompakt (Pitta-Kapha). Sie hat leider bereits eine Arthrose in der Schulter (Vata-Überschuss). Ihr Appetit ist immer gut, allerdings neigt sie zu Magenschleimhautreizungen (manchmal auch durch zu viel Futter) sowie zu Hautausschlägen (Pitta-Überschuss). Meistens kommen diese Symptome durch zu viel Stress (ihrerseits).

Zuhause ist sie sehr ruhig und entspannt (Kapha), aber immer ein gute Wächterin (Pitta).

## *Ernährung*

Honey wird wie Otis und Eloi morgens um 10.00 Uhr und abends um 18.00 Uhr gefüttert. Damit ihr Organismus sich dauerhaft regenerieren kann, füttere ich nach den Zeiten des Intervallfastens.

Auch sie bekommt 50 % Fleisch und 50 % Gemüse nach ihrer Konstitution (also hauptsächlich Pitta-Kapha) in einem Schnellkochtopf zubereitet.

Nach dem Spaziergang gibt es dann und wann auch mal ein getrocknetes Stück Kopfhaut oder getrockneten Pansen zum Kauen.

Ihr Futter wird immer mit etwas warmen Wasser angereichert.

Ergänzend bekommt sie täglich 3 g CalciumPro und 2 g Fundamentus.

Zusätzlich füttere ich täglich einen halben Teelöffel Ghee und alle zwei Tage einen Teelöffel Flohsamenschalen.

Ein Mal in der Woche bekommt sie als Fleischersatz Makrelen oder Sardinenfilet in eigenem Saft sowie ein Mal in der Woche Hüttenkäse. Im Winter gebe ich unter den Hüttenkäse noch zwei bis drei Esslöffel Haferflocken, die ich vorher im warmen Wasser aufquellen lasse.
Als Kur im Winter gebe ich Omega3 Plus Kapseln von Loges sowie in den kalten Wintermonaten alle paar Tage nochmals einen halben Teelöffel Kokosfett.
Im Fellwechsel gibt es meistens über drei bis vier Wochen LaVita und im Winter an den feucht-kalten Tagen auch schon mal Ziegenkolostrum.

### Bewegung

Wir gehen zwei Mal am Tag spazieren, morgens circa ein bis zwei Stunden und abends nochmals eine halbe bis dreiviertel Stunde. Für Pippi zwischendrin geht sie in den Garten!
Auf unseren Spaziergängen machen wir je nach Lust und Laune Nasenarbeit sowie Gymnastikübungen und Tricks.

### Prävention

Regelmäßige craniosacrale Behandlungen, damit Verklebungen der faszialen Strukturen sowie eventuelle Wirbelblockaden sich lösen. Auch hier Neuraltherapie, um die Muskeln zu entspannen. Seit die Arthrose festgestellt wurde, zusätzlich Schallwellentherapie.

## Otis

Bioenergie: Pitta-Kapha
Mischling aus Griechenland
Männlich, kastriert
Geboren: März 2003 – Gewicht: 26 kg

Otis ist ein agiler, sehr sozialer, sanftmütiger vollkommen relaxter Hund (Pitta-Kapha). Ihn kann nichts aus der Ruhe bringen (Kapha). Appetit ist immer vorhanden und er hat sehr selten Probleme mit der Verdauung (Pitta). Er hat eine sehr gutes Abwehrsystem und auch sonst ist er nie krank (Kapha). Mit seinen mittlerweile fast 16 Jahren und trotz extremer Probleme am Bewegungsapparat ist er immer noch fit und läuft mit uns noch eine große Runde von ein bis anderthalb Stunden am Morgen. Abends nehme ich ihn manchmal auch nochmal eine ½

Stunde mit, je nachdem, wie viel wir morgens gelaufen sind. Diese Bewegung fordert er auch ein. Seine Augen sind mittlerweile nicht mehr ganz so gut, aber alles andere funktioniert noch bestens. Er war körperlich immer ein kräftiger, aber trotzdem sehr athletischer Typ (Pitta-Kapha). Auch heute hat er seinen Körperbau nicht wesentlich verändert.

Ihr müsst wissen: Otis kommt aus Griechenland und wurde dort mit 14 Wochen angefahren. Er hat vorne ein krummes Bein und an beiden Knien keine Kreuzbänder mehr. Außerdem hat er, seitdem er ein Jahr alt ist, Arthrose in beiden Knien (Vata-Überschuss). Das hat ihn allerdings nie am Jagen gehindert oder ihn in seinem Temperament eingeschränkt. Er war schon immer ein sehr selbstständiger und lauffreudiger Hund (Kapha-Pitta). Allerdings wurde er bereits früh grau (Pitta).

Er liebt es im Gegensatz zu Eloi, andere Hunde und Menschen zu treffen. Er ist sehr offen und liebevoll allen Lebewesen gegenüber. Er hat eine Gelassenheit und Ruhe, die selbst ängstliche Hunde auftauen lässt. Allerdings kann er auch an der Leine andere anblaffen (überschießendes Pitta), aber das ist mehr ein Erschrecken als alles andere. Er hat eine sehr präsente Erscheinung, ist sehr konstant und entschlossen (Kapha), wenn er sich etwas in den Kopf gesetzt hat zieht er seinen Plan auch durch (Pitta). Er hat immer noch eine sehr schnelle Auffassungsgabe (Vata), was mich immer wieder verwundert. Wenn wir neue Tricks üben oder ein Hundespiel machen, versteht er es oft schneller als die Cattledogs.

### *Ernährung*

Otis wird wie Eloi morgens um 10.00 Uhr und abends um 18.00 Uhr gefüttert. Damit sein Organismus sich dauerhaft regenerieren kann, füttere ich nach den Zeiten des Intervallfastens.

Er bekommt 50 % Fleisch und 50 % Gemüse nach seiner Konstitution (also hauptsächlich Pitta) in einem Schnellkochtopf zubereitet.
Nach dem Spaziergang bekommt er dann und wann auch mal ein getrocknetes Stück Pansen oder etwas anderes, nicht zu Hartes zum Kauen. Er bekommt keine harten Knochen oder Kauartikel mehr, da ihm die beiden oberen Backenzähne fehlen.
Sein Futter wird immer mit etwas warmen Wasser angereichert.
Ergänzend zu seinem Futter bekommt er täglich CalciumPro und Fundamentus.
Zusätzlich füttere ich täglich einen Teelöffel Ghee und alle zwei Tage einen Teelöffel Flohsamenschalen.
Ein Mal in der Woche bekommt er als Fleischersatz Makrelen oder Sardinenfilet im eigenen Saft sowie ein Mal in der Woche Hüttenkäse. Im Winter gebe ich unter den Hüttenkäse noch zwei bis drei Esslöffel Haferflocken, die ich vorher im warmen Wasser aufquellen lasse.
Als Kur im Winter immer wieder Omega3 Plus Kapseln von Loges sowie in den kalten Wintermonaten alle paar Tage nochmals einen halben Teelöffel Kokosfett, da er das nicht so gerne mag.
Zur Unterstützung seines Bewegungsapparates gibt es immer mal wieder kurweise MSM, Weihrauch bei Überbelastung oder diverse Kräuter aus der traditionellen chinesischen Medizin sowie Vitalpilzmischungen.
Im Fellwechsel gibt es meistens über drei bis vier Wochen LaVita und im Winter an den feucht-kalten Tagen auch schon mal Ziegenkolostrum.

### *Bewegung*

Wir gehen zwei Mal am Tag spazieren, morgens circa ein bis zwei Stunden und abends nochmals eine halbe Stunde. Für Pippi zwischendrin geht er in den Garten!
Auf unseren Spaziergängen machen wir je nach Lust und Laune Nasenarbeit oder ein bisschen Dehn- und Gymnastikübungen.

### *Prävention*

Regelmäßige craniosacrale Behandlungen, damit Verklebungen der faszialen Strukturen sowie eventuelle Wirbelblockaden sich lösen sowie Neuraltherapie, um die Muskeln zu entspannen. Außerdem wird er regelmäßig mit einem Schallwellengerät zur Muskelentspannung behandelt.

Otis bekommt bei Temperaturen unter zehn Grad plus immer einen dünnen Vliesmantel an, damit Rücken und Knie stets warm sind.

## Arven

Bioenergie: Pitta-Vata
Weimaraner – Weiblich, kastriert
Geboren: Februar 2007 – Gewicht: 24 kg

Arven ist eine zwölfjährige Weimaraner Hündin. Ihre Grundkonstitution ist Pitta-Vata. Beide Doshas zeigen sich bei ihr im mentalen wie im körperlichen Bereich und halten sich fast die Waage. Kapha finde ich bei ihr fast gar nicht.
Sie ist schon immer recht flippig und schnell unterwegs. Weimaranertypisch hat sie eine sehr schnelle Auffassungsgabe und flinke Reaktionen (also ganz Vata). Vor allem in ihrer Junghundezeit war das eine richtige Herausforderung und auch Arbeit an mir selbst: Ruhe

bewahren, Situationen schnell erfassen und vorausschauend agieren. Sind zu viele oder neue Reize um sie herum, wird sie nervös und schlechter ansprechbar, kommt nicht zur Ruhe.
Wenn viel geredet und gelacht wird, wenn die Geräusche lauter sind wie zum Beispiel in größeren Runden mit Freunden oder Familie, nimmt sie die Stimmung sofort auf. Dann gibt sie auch gern ihre eigenen Kommentare zu den Gesprächen ab und kann keine Sekunde ruhig liegen. Es können die Augen schon im Stehen zufallen – aber Schlafen ist unmöglich.
Pitta zeigt sich in ihrem Ehrgeiz, ihrem sehr starken Selbstbewusstsein und in forderndem Verhalten. Sie kann sehr gut das durchsetzen, was sie möchte – zur Not auch körperlich! Arven kann schnell gereizt reagieren. Verstärkt tritt dieses Verhalten auf, wenn sie schon zu viel Input hatte – beispielsweise bei viel Aufregung und ungenügenden Ruhephasen. Ihr bekanntes Umfeld und gleichbleibende Abläufe sind für ihre seelische Stabilität extrem wichtig. Neue Reize müssen wohldosiert sein, weil sie ansonsten hibbelig wird (überschießendes Vata). Körperlich findet sich Vata in ihrem schlanken Körperbau, in der Neigung zu Bindehautentzündungen, zu trockenem Fell und trockener Haut (vorwiegend im Winter). Arven hat immer einen großen Appetit und wird sehr unleidlich, wenn sie Hunger hat. Außerdem ist sie gut bemuskelt und hat ein dynamisches Gangbild (ganz typisch für Pitta). Sie hatte eine hochakute Gebärmuttervereiterung im Alter von acht Jahren, weswegen sie kastriert wurde. Solche akuten Entzündungen sind auch bei Pitta einzuordnen (überschießendes Pitta).

### Ernährung

Arven wird von Welpen an mit selbst zusammengestellten Mahlzeiten gefüttert. Je älter sie wurde, desto schlechter ist ihr Rohfleisch bekommen. Sie hat vermehrt Gras gefressen und neigte zu Bauchgeräuschen.

Auch Haut und Fell waren vor allem im Winter schnell sehr trocken. Seit vier Jahren bekommt sie nun statt Rohfleisch gekochtes Fleisch mit einem höheren Fettgehalt und einen kleinen Anteil Innereien. Ich füttere vor allem Huhn, Kaninchen, Strauß und Ziege. Die Innereien sind meistens vom Hühnchen.
Gemüse und Obst kaufe ich aus kontrolliert biologischem Anbau regional und saisonal und bereite es im Dampfgarer für zwei bis drei Tage vor. Da Arven keine Allergien oder Unverträglichkeiten hat, mische ich die Sorten entsprechend der typgerechten Gemüse- und Obstsorten für Vata und Pitta. Im Sommer bekommt sie ein bis zwei Mal wöchentlich kleine Mengen grüner Smoothies aus Blattsalaten und Gurke über ihr Futter.
Regelmäßig ersetzte ich eine Fleisch-Gemüse-Mahlzeit durch eine Mischung aus Haferflocken mit Hanfsamen.
Arven bekommt drei Mal täglich Futter, damit ist sie am entspanntesten. Ich füttere die Rationen zwischen 9.00 und 17.00 Uhr.

Futterverhältnis: 50 % Fleisch mit einer kleinen Innereienmenge und 50 % pflanzlicher Anteil.

Dem Futter füge ich hinzu:

- CalciumPro als Knochenersatz und als Mineralstofflieferant
- Ghee und Kokosfett
- Flohsamenschalen 2-3x wöchentlich
- MSM für ihren Bewegungsapparat
- Kräuter je nach Bedarf regelmäßig
- Algenöl als Quellen für Omega-3 und EPA und DHA
- Im Winter gebe ich kurweise B-Vitamine

## Bewegung

Arven ist sehr bewegungsfreudig und muss täglich frei laufen. Das ermögliche ich ihr durch mindestens einen langen Spaziergang durch Wald und über Felder. Zwei bis drei Mal pro Woche gehen wir zusätzlich Walken. Diese kontinuierliche Bewegung tut ihr sehr gut. Natürlich ist Arven auch für Radfahren und Joggen zu begeistern. Hier kommt als einziges der Kapha-Anteil durch: sie ist sehr ausdauernd, also eher der Marathon-Typ. Am ausgeglichensten ist sie aber nach Spaziergängen durch den Wald, wo sie schnüffeln und sich frei bewegen kann. Neben der großen Runde von ein bis zwei Stunden gehen wir noch zwei bis drei kleinere Runden von 20 bis 30 Minuten, damit sie ihr Geschäft machen kann.

## Prävention

Kuren mit Schüßler-Salzen, zum Beispiel:
Frühjahrskur aus Nr. 4 Kalium chloratum, Nr. 6 Kalium sulfuricum, Nr. 9 Natrium phosporicum und Nr. 10 Natrium sulfuricum über sechs Wochen ab Mitte März/Anfang April.
Herbst-Immun-Kur ab Mitte September/Anfang Oktober aus Nr. 3 Ferrum phosphoricum, Nr. 5 Kalium phosphoricum, Nr. 6 Kalium sulfuricum, Nr. 7 Magnesium phosphoricum.
Akupunktur und Osteopathie je nachdem, wo der Energiefluss beziehungsweise die Selbstheilungskräfte angeregt werden sollen.

## Paula

Bioenergie: Vata-Kapha
Hovawart – Weiblich, kastriert
Geboren: März 2009 – Gewicht: 36 kg

Paula ist eine Hovawart-Hündin, die Vata und Kapha in ihrer Bioenergie hat. Sie ist freundlich und sanftmütig vom Charakter (Kapha). Da ihr Vata-Anteil überwiegt, ist sie nicht so stämmig und kompakt wie der Kapha-Typ an sich. Ihr Kopf ist schmal, ihre Gelenke sind fein und zum Teil instabil (Vata). Auch durch das empfindliche Nervenkostüm, feines und dünnes Fellhaar und Probleme im Hormonsystem drückt sich Vata bei ihr aus. Außerdem ist sie eher schwach bemuskelt und hat eine geringe Ausdauer. Sie reagiert sehr empfindlich auf Geräusche und reagiert oftmals ängstlich.

Sie ist eine sehr fürsorgliche und soziale Hündin, die sich mit anderen Hunden sehr gut versteht, aber sich in großen Gruppen nicht wohlfühlt (Kapha). Sie ist lieber mit ihr bekannten Hunden zusammen und fühlt sich so sicher.

Sie lernt langsam, aber sehr gründlich und ist ein Hund, den man im Alltag »fast nicht merkt« (Kapha). Diese Ruhe und Gelassenheit ist ein starker Gegenpol zu der Schnelligkeit, Dynamik und Präsenz unserer Pitta-Vata-Hunde. Gerade wegen dieser Genügsamkeit darf man sich nicht verleiten lassen, sie zu wenig zu fordern und zu fördern. Es ist wichtig, Bewegung und »Feuer« in den Hundealltag zu bringen, sonst wird sie zunehmend lethargisch.

Kapha und Vata zeigten sich bei ihr auch in ihrem schwachen Verdauungsfeuer. Ihr Stuhlgang wird schnell breiig bis ölig.

Paula neigte vor allem in der Scheinträchtigkeit zu Wassereinlagerungen im Gewebe, was sich durch die Kastration gelegt hat.

## Ernährung

Paula bekommt zwei Mal täglich Futter – zeitlich immer etwas unterschiedlich, aber es wird auf die Fastenzeit von 16 Stunden geachtet. Die Ration teilt sich in ein Verhältnis von 50 % bis 60 % Fleisch mit einem Innereien-Anteil und 40-50 % Gemüse. Beides wird im Dampf gegart und entsprechend ihrer Konstitution. Die Fleischsorten sind überwiegend Huhn, Strauß, Rind und Ziege. Gemüse und Obst kaufe ich immer Bio und regional-saisonal.
Aufgrund ihres schwachen Agnis bekommt ihr gekochtes bzw. im Dampf gegartes Futter besser.
Getreide und Milchprodukte bekommt sie aufgrund ihrer Konstitution fast nicht.
Dem Futter geben wir Ghee, Flohsamenschalen und Kräuter zu. Um den fehlenden Knorpelanteil auszugleichen, fügen wir dem Futter täglich CalciumPro bei, wenn an dem Tag kein Knochen gefüttert wird. Besonders gut bekommen ihr Zimt, Anis und Thymian als Kräuter-

pulver. Sie wirken wärmend, verdauungsfördernd und schleimlösend. Thymian wirkt zudem positiv auf ihre oberen Atemwege und ist kräftigend.

### Bewegung

Paula ist sehr genügsam und fordert das Spazierengehen nicht ein (Kapha), wie es bei Arven der Fall ist. Dennoch liegt bei ihr ein besonderes Augenmerk auf ausreichend Bewegung, ansonsten baut sie sehr schnell an Muskulatur und Kondition ab. Täglich ein bis zwei Stunden straffes Gehen ist wichtig. Sie liebt Suchspiele und Nasenarbeit und findet darin einen schönen Ausgleich. Eine neue Umgebung bringt neuen Schwung in den Spaziergang und man merkt, wie aufgeweckt sie sich dann gibt. Wohingegen bei Arven ungewohnte Routen zur Nervosität führen, ist das für Paula genau das Richtige. Das braucht sie auch, um einfach mal aus sich herauszukommen. Zu mindestens einer großen Runde kommen kleinere Runden zum Entleeren und Schnüffeln dazu sowie Aufenthalt im Garten.

### Prävention

Durch ihre Schwäche im Bereich von Sehnen, Bändern und Gelenken sind physiotherapeutische Behandlungen und Übungen für den Alltag wichtig. Mehrmals wöchentlich werden nach einem Therapieplan der Physiotherapeutin bestimmte Übungen gemacht. Auch die Muskulatur muss gestärkt werden, deshalb ist kontinuierliches, leichtes Joggen täglich ein Teil des Spaziergangs.

Sie wird im Bereich des Bewegungsapparates regelmäßig neuraltherapeutisch behandelt.

Weitere vorbeugende Maßnahmen sind Entschlackungs- und Aufbaukuren mit Schüßler-Salzen wie bei Arven.

**» Wir können nicht fehlgehen,
wenn wir der Natur folgen. «**

Michel de Montaigne

# Glossar

| | |
|---|---|
| Ama | Schlacken, toxische Stoffwechselprodukte |
| Agni | Verdauungsfeuer |
| Ojas | Lebenskraft |
| Dosha | Bioenergien, die im Körper vorherrschen |
| Dhatus | Körpergewebe |
| Rasa | Geschmack |
| Rajas | Euphorie, Leidenschaft, Dynamik |
| Rasayana | Kräuter- und Mineralstoffmischungen, die das ganzheitliche Gleichgewicht unterstützen |
| Tamas | Passivität, Trägheit |
| Sattva | Reinheit, Makellosigkeit |
| Kapha | Eine der drei Bioenergien, Prinzip der der Schmierung und Formgebung |
| Pitta | Eine der drei Bioenergien, Prinzip der Umwandlung |
| Vata | Eine der drei Bioenergien, Prinzip der Bewegung |
| Prakriti | Grundzustand, Grundkonstitution, der gesunde Zustand |
| Vikriti | kranker Zustand, Abweichung von der Grundkonstitution |

# Bezugsquellen

**CalciumPro und Fundamentus**

- www.tierheilpraxis-natursinn.de
- www.nadinegelhaus.de
- Fachhandel (zu finden auf unseren Internetseiten)

**Konstitutionsglobuli von Ayurveda Rhyner®**

- www.ayurveda-rhyner.com

**B-Vitamine**

- www.loges.de
- www.sunday.de

**OptiMSM®**

- www.zeinpharma.de
- www.sunday.de

**Urtinkturen, z. B. Melissa officinalis**

- www.ceres-heilmittel.de

# Kontaktdaten

Wir erstellen für Deinen Hund individuelle Futterpläne oder begleiten Dich und Deinen Hund im Rahmen einer Therapie.

Anja Halata
Tierheilpraktikerin in Leipzig und Umgebung sowie deutschlandweit
E-Mail: info@tierheilpraxis-natursinn.de
www.tierheilpraxis-natursinn.de
Nadine Gelhaus
Tierheilpraktikerin in Herne und deutschlandweit sowie Schweiz und Österreich
E-Mail: n.gelhaus@nadinegelhaus.de
www.nadinegelhaus.de

# Literatur

Anna Trökes, Dr. med. Detlef Grunert, Mit Yoga und Ayurveda ganzheitlich heilen, Gräfe und Unzer Verlag, 2014

Dr. Anne Katharina Zschocke – Natürlich heilen mit Bakterien, AT Verlag, 2. Auflage 2017

Dr. Petra Bracht, Intervallfasten, Gräfe und Unzer Verlag, 2018

Ayurveda Rhyner® – Europäische Ayurveda Küche, Königsfurt-Urania Verlag, 2016

Julie Colbert – Pimp Deinen Darm! – Berentzen & Nykamp GbR, 2015

Jutta Mattausch – Ayurveda Handbuch der Energietypen, Windpferd Verlag, 7. Auflage 2016

Kulreet Chaudhary, Wie neu geboren durch modernes Ayurveda, Riva Verlag, 2017

Vinod Verma – Ayurveda für Hunde, Örtel + Spörer Verlag, 2012

# Bildquellen

S. 1 ©Grafik Freepik.com
S. 7, 9 ©Studioline Photography
S. 11 gl_sonts-fotolia.com
S. 12 anvino-fotolia.com
S. 16 tmart_foto-fotolia.com
S. 23 Mikkel Bigandt-stock.adobe.com
S. 30, 32, 114 nektarinchen-fotolia.com
S. 35 xclusive-desig-fotolia.comn
S. 42 Conny Hagen-stock.adobe.com
S. 44 Dogs-fotolia.com
S. 47 ilya-stock.adobe.com
S. 62 kisscsanad-stock.adobe.com
S. 66 solstizia-fotolia.com
S. 72 manushot-fotolia.com
S. 74 Lilli-fotolia.com
S. 91 espies-fotolia.com
S. 96 chamillew-fotolia.com
S. 101 candy1812-fotolia.com
S. 105 Kathrin39-fotolia.com
S. 110 M.Dörr & M.Frommherz-fotolia.com
S. 117 Artranq-fotolia.com
S. 119 Eloi © Mecky Lacher-Nadolny
S. 122 Honey © Mecky Lacher-Nadolny
S. 125 Otis © Mecky Lacher-Nadolny
S. 129 Arven © Anja Halata
S. 134 Paula © Gaby Halata
S. 136 hanseat-fotolia.com

Dr. Deva Kahlsa

## Natürlich gesund

Hunde ganzheitlich ernähren und behandeln

Hardcover, 320 Seiten,
durchgehend farbig
**ISBN** 978-3-95464-217-5
Preis: **29,95 EUR**

Tierärztin Dr. Deva Khalsa gilt als Pionierin der ganzheitlichen Tiermedizin und teilt in diesem Buch ihre jahrzehntelange, aus Wissenschaft und Praxis gewonnene Erfahrung zu Ernährung, Naturheilverfahren und Homöopathie – oft in Verbindung mit schulmedizinischen Methoden. Auch in der Ernährung vertritt sie keine streng einseitige Ideologie, sondern zeigt, wie man schon mit kleinen Veränderungen und Ergänzungen wie etwa einem Topping aus frischem Gemüse auch ein gutes Fertigfutter aufwerten kann. Wer mehr Zeit investieren möchte, findet im Kapitel „Das Hunde-Restaurant“ über 100 Rezepte zum Selberkochen für eine vollwertige Hundeernährung.

Enthält unter anderem:

Grundwissen zur Ernährung – warum „nur Fleisch“ nicht gut ist

Rezepte und Ernährungsvorschläge für verschiedene Bedürfnisse

Häufige Gesundheitsprobleme von A-Z mit Behandlungsvorschlägen

Rezepte für selbstgemachte Kräutertinkturen und -salben

Vorstellung der wichtigsten Naturheilverfahren

Neubewertung von Impfplänen

Strategien zur Vorbeugung und zum Management von Allergien, Diabetes oder Krebs

... und vieles mehr!

Gaby Haag

## Naturheilpraxis für Hunde

Dieses praktische Nachschlagewerk ermöglicht in Ergänzung zur Grundlagenliteratur durch die alphabetische Sortierung nach Erkrankungen bzw. Symptonen ein schnelles Auffinden möglicher Mittel von Homöopathie und Schüssler Salzen über Komplexmittel und Bachblüten bis hin zu Kräutern. Farbige Unterscheidungen helfen, sich unter den verschiedenen Medikamenten schnell zu orientieren.

Hardcover, 340 Seiten,
durchgehend farbig
**ISBN** 978-3-942335-16-4
Preis: **34,95 EUR**

## Mini-Lexikon

Naturheilpraxis für Hunde
Erkrankungen und Heilmittel

Klappenbroschur, 120 Seiten,
durchgehend farbig
**ISBN** 978-3-942335-99-7
Preis: **9,95 EUR**

Dieses praktische Nachschlagewerk ermöglicht in Ergänzung zur Grundlagenliteratur durch die alphabetische Sortierung nach Erkrankungen bzw. Symptonen ein schnelles Auffinden möglicher Mittel von Homöopathie und Schüssler Salzen über Komplexmittel und Bachblüten bis hin zu Kräutern. Farbige Unterscheidungen helfen, sich unter den verschiedenen Medikamenten schnell zu orientieren.